GAIA

de mito a ciência

Dados Internacionais de Catalogação na Publicação (CIP)
(Jeane Passos Santana – CRB 8ª/6189)

Gaia : de mito a ciência / José Eli da Veiga (organizador). – São Paulo : Editora Senac São Paulo, 2012.

Bibliografia.
ISBN 978-85-396-0280-3

1. Mudança climática – Teoria Gaia 2. Aquecimento global – Teoria Gaia 3. Impactos ambientais – Teoria Gaia 4. Meio ambiente I. Título.

12-057s CDD-363.7387

Índice para catálogo sistemático:

1. Meio ambiente : Impactos ambientais 363.7387

GAIA

de mito a ciência

Charbel Niño El-Hani • Mauro Rebelo • Nei Freitas Nunes-Neto • Ricardo Santos do Carmo • Sonia Maria Barros de Oliveira

José Eli da Veiga organizador

Editora Senac São Paulo – São Paulo – 2012

Administração Regional do Senac no Estado de São Paulo
Presidente do Conselho Regional: Abram Szajman
Diretor do Departamento Regional: Luiz Francisco de A. Salgado
Superintendente Universitário e de Desenvolvimento: Luiz Carlos Dourado

Editora Senac São Paulo
Conselho Editorial: Luiz Francisco de A. Salgado
Luiz Carlos Dourado
Darcio Sayad Maia
Lucila Mara Sbrana Sciotti
Jeane Passos Santana

Gerente/Publisher: Jeane Passos Santana (jpassos@sp.senac.br)

Coordenação Editorial: Márcia Cavalheiro Rodrigues de Almeida (mcavalhe@sp.senac.br)
Thaís Carvalho Lisboa (thais.clisboa@sp.senac.br)
Comercial: Jeane Passos Santana (jpassos@sp.senac.br)
Administrativo: Luís Américo Tousi Botelho (luis.tbotelho@sp.senac.br)

Edição de Texto: Luiz Guasco
Preparação de Texto: Leandro Rodrigues
Revisão de Texto: Luciana Lima (coord), Rosa Kushnir, Globaltec
Projeto Gráfico e Editoração Eletrônica: Flávio Santana
Foto da Capa: Zé Vicente
Impressão e Acabamento: Rettec Artes Gráficas

Rua Rui Barbosa, 377 – 1º andar – Bela Vista – CEP 01326-010
Caixa Postal 1120 – CEP 01032-970 – São Paulo – SP
Tel. (11) 2187-4450 – Fax (11) 2187-4486
E-mail: editora@sp.senac.br
Home page: http://www.editorasenacsp.com.br

Sumário

Nota do editor

Até poucas décadas, as ciências naturais encaravam a vida no planeta como passiva, subordinada a eventos climáticos e geológicos.

James Lovelock, ao formular a Teoria Gaia, inaugurou um contraponto marcante a essa perspectiva, afirmando a existência de uma complexa teia de inter-relações entre meio e biota e, portanto, negando a mera adaptação da vida ao ambiente.

Gaia: de mito a ciência apresenta uma discussão rigorosa em torno das ideias de Lovelock, de modo a proporcionar o entendimento de sua contribuição para as ciências que estudam o planeta e a apontar os mal-entendidos de que ela tem sido objeto.

Este livro aprofunda questões teóricas fundamentais relacionadas ao estudo do meio ambiente, tema que o Senac São Paulo vem contemplando em várias publicações, sob diferentes enfoques, de modo a promover a visão ampla de problemas que se torna cada vez mais urgente debater em nossa sociedade.

Introdução

José Eli da Veiga

Para separar o joio do trigo

Às vésperas do lançamento do 4º relatório do Painel Intergovernamental sobre Mudança no Clima (IPCC), que tanto contribuiu para a formação de consenso político global sobre a necessidade de se evitar um aumento da temperatura média da Terra que ultrapassasse 2 °C, o grande químico e matemático britânico James Ephraim Lovelock (1919-) fez declarações controversas, que não poderiam ser mais apocalípticas:

> Até o fim do século, é provável que cerca de 80% da população humana desapareça. Os 20% restantes vão viver no Ártico e em alguns poucos oásis em outros continentes, onde as temperaturas forem mais baixas e houver um pouco de chuva. Na América Latina, por exemplo, esses refúgios vão se concentrar na Cordilheira dos Andes e em outros lugares altos. O Canadá, a Sibéria, o Japão, a Noruega e a

> Suécia provavelmente continuarão habitáveis. A maioria das regiões tropicais, incluindo praticamente todo o território brasileiro, será demasiadamente quente e seca para ser habitada. O mesmo ocorrerá na maior parte dos Estados Unidos, da China, da Austrália e da Europa. Não será um mundo agradável. As condições de sobrevivência no futuro serão muito difíceis. Essa é a vingança de Gaia, uma expressão que uso apenas como metáfora, não como argumento científico (Lovelock, 2006a).

Todavia, quando os modelos de todos os centros de pesquisa sobre o clima passaram a dar sinais de que a meta dos 2 ºC neste século já tinha se tornado inviável, Lovelock voltou a chamar a atenção, sacudindo a mídia global com a negação da profecia lançada seis anos antes. Em entrevista ao *site* da rede norte-americana MSNBC[1] em maio de 2012, ele afirmou: "O problema é que não sabemos o que o clima está fazendo, embora achássemos que sabíamos vinte anos atrás. Isso levou à publicação de alguns livros alarmistas, inclusive os meus."

Sua idade avançada, o longo distanciamento das evidências que se acumularam nas revistas científicas especializadas e a inevitável amargura por ter sido muito maltratado por vários de seus pares são elementos que ajudam a entender tanta discrepância entre a evolução dos palpites de Lovelock sobre o ritmo da mudança climática e as revisões dos resultados de pesquisas realizadas periodicamente – e com muito mais serenidade – pelo IPCC.[2]

---

1 Cf. matéria de Reinaldo José Lopes, editor de ciência da *Folha de S.Paulo*, em 5 de maio de 2012.

2 Sobre a questão climática, ver a obra de José Eli da Veiga, *Aquecimento global: frias contendas científicas*. São Paulo: Editora Senac São Paulo, 2008.

Contudo, nada disso autoriza o descarte da teoria que ele batizou de "Gaia". Por isso, o propósito do presente livro é justamente "separar o joio do trigo". Principalmente porque a ideia que se faz da Terra, sempre que ela é chamada de "Gaia," permanece das mais confusas.

Apesar de quarenta anos de elaborações científicas, o tema costuma ser tratado no âmbito da metafísica reflexiva, quando não sob um viés puramente místico. Mesmo livros sérios sobre sustentabilidade fazem afirmações que vão muito além do que seria considerado razoável. Por exemplo, já se afirmou que Gaia "incorpora uma forma de inteligência" (Visser, 2012).

Esse tipo de pensamento não é recente. A rigor, é antiquíssima a suspeita de que a Terra seria "viva". Tal suspeita germinou na filosofia grega e renasceu em obras de Leonardo da Vinci (1452-1519) e Giordano Bruno (1548-1600). Séculos depois, voltou com força nos escritos do geólogo escocês James Hutton (1726-1797), assim como nas contribuições do "buldogue de Darwin", o biólogo Thomas Henry Huxley (1825-1895). Com os trabalhos do notável geoquímico russo Vladimir Ivanovich Vernadsky (1863-1945), essa vertente de pensamento se estabeleceu com maior firmeza.

No entanto, foi somente a partir de 1972 que essa visão passou a ser considerada uma razoável hipótese científica. Mais precisamente quando Lovelock, após intensa colaboração com a bióloga norte-americana Lynn Margulis (1938-2011), lançou a proposição de que a Terra seria um "superorganismo". Comparações da atmosfera da Terra com a de outros planetas os levaram a propor que é a vida da Terra que cria as condições para sua própria sobrevivência, e não o contrário, como as teorias tradicionais afirmam.

Essa hipótese, originalmente proposta como "hipótese de resposta da Terra", e muitas vezes também referida como "hipótese biogeoquímica" ou "geofisiológica", diz essencialmente que a biosfera e os componentes físicos da Terra[3] estariam intimamente integrados, de modo a formar um complexo sistema interagente que mantém as condições climáticas e biogeoquímicas preferivelmente em homeostase.[4]

Apesar de muitos pesquisadores continuarem arredios, Lovelock e muitos de seus colegas consideram que nem se trata mais de uma hipótese, e sim de uma "teoria produtiva", que já "realizou dez previsões bem-sucedidas":

> Uma visão da Terra como um sistema autorregulador constituído da totalidade dos organismos, rochas de superfície, oceano e atmosfera estreitamente unidos como um sistema em evolução. A teoria vê esse sistema dotado de um objetivo: a manutenção do equilíbrio das condições de superfície para que sejam sempre as mais favoráveis possíveis à vida atual (Lovelock, 2006b: 155).

Contudo, é duvidosa essa noção de sistema "dotado de um objetivo". Ainda mais perigoso é supor que a manutenção de equilíbrio seja um "objetivo" em vez de um resultado.

---

3 Atmosfera, criosfera, hidrosfera e litosfera.

4 O termo homeostase foi criado em 1932 pelo fisiologista norte-americano Walter Bradford Cannon (1871-1945). Foi inspirado no conceito de "*milieu intérieur*", do fisiologista francês Claude Bernard, que designava a propriedade de um sistema aberto – especialmente em relação aos seres vivos – de regular seu ambiente interno para manter uma condição estável (mediante múltiplos ajustes de equilíbrio dinâmico controlados por mecanismos de regulação inter-relacionados).

Pior: uma manutenção de equilíbrio para que as condições fossem "sempre" as mais favoráveis à vida atual.

Portanto, não é de se estranhar que a mídia e muitos livros didáticos reproduzam a ideia de Gaia em termos anticientíficos, sem que seus espectadores e leitores possam ter contato com os debates que o tema obrigatoriamente provoca.

Muitos estudantes, mesmo em cursos de pós-graduação, talvez nem saibam se estão diante de uma grande teoria consolidada ou de uma boa metáfora, como o próprio Lovelock frequentemente sugere, mesmo quando não está se referindo a uma suposta "vingança". São raros os estudantes capazes de distinguir o que há de científico do que há de fantasia em interpretações que proliferaram nesses quarenta anos da hipótese Gaia.[5]

Daí vem a necessidade de um livro como este, que atualiza a questão a partir de dois ângulos principais: o das ciências biológicas e o das geociências. Para explicar a leigos em ciências naturais as restrições que a hipótese sofreu por parte das várias tendências da comunidade científica, o ponto de partida dos três capítulos é o que o próprio Lovelock

---

[5] No livro de 1991 *Gaia: cura para um planeta doente* (Lovelock, 2006c: 21), assim como no recente *Gaia: alerta final* (Lovelock, 2010: 157), Lovelock conta que foi em 1965 que lhe ocorreu pela primeira vez a ideia de uma Terra "autorreguladora", com a comunidade de organismos vivos no controle. Ele afirma que seu primeiro artigo a mencionar tal ideia foi publicado em 1968. No entanto, foi no início dos anos 1970 que ele conheceu a bióloga Lynn Margulis, com quem realmente postulou a hipótese. Seu primeiro artigo a exibir a palavra no título foi "Gaia as seen through the Atmosphere" (Lovelock, 1972: 579-80). É o que leva Sir Crispin Tickell a afirmar em prefácio ao livro de Lovelock, *A vingança de Gaia* (2006: 11): "Mas foi James Lovelock quem reuniu essas ideias na hipótese Gaia em 1972". Já a expressão "hipótese Gaia" só apareceu em título de artigo em 1973, em coautoria com Lynn Margulis: "Atmospheric Homeostasis by and for the Biosphere: The Gaia Hypothesis".

considera ser "A história da teoria Gaia",[6] a qual pode ser esquematizada com a ajuda de uma dezena de marcos:

> 1. O problema começou em 1979, quando o biólogo canadense Ford Doolittle escreveu sua vívida e bem redigida crítica de Gaia.[7] [...] não demorou nada para que a face de Gaia fosse colocada contra a parede, especialmente na comunidade neodarwinista de cientistas. Nem Lynn Margulis nem eu conseguimos fazer uma defesa convincente – em parte porque, como tínhamos declarado, a hipótese de Gaia estava errada. Disséramos que os organismos, ou a biosfera, regulavam o clima e a composição da Terra (p. 165).[8]
>
> 2. Em 1979, ocorreu-me que as objeções dos biólogos desmoronariam se pudesse ser demonstrado que o regulador seria o sistema Terra inteiro, feito de vida, inclusive o ar, os oceanos e as rochas superficiais, não apenas os organismos isoladamente. [...] Tudo o que pude fazer em 1981 para testar a ideia foi compor o modelo holístico, o Mundo das Margaridas. (p. 167) [...] O Mundo das Margaridas foi como um golpe de vareta num ninho de vespas: o zumbido irritado dos biólogos dispostos a ferroar até a morte

---

[6] Esse é o tema do sexto capítulo de *Gaia: alerta final* (Lovelock, 2010: 157-79).

[7] Publicada na revista *Coevolution Quarterly*, editada pelo ecólogo americano Steward Brand, um entusiasta da hipótese/teoria Gaia. Ver resenha de seu último livro, intitulada "Triplo desafio à ideologia verde", disponível em: http://pagina22.com.br/index.php/2011/07/triplo-desafio-a-ideologia-verde/. Acesso em: 25-6-2012.

[8] As páginas se referem sempre ao livro *Gaia: alerta final* (Lovelock, 2010), Capítulo 6.

foi ensurdecedor. Foram publicados artigos que afirmavam provar a falsidade do Mundo das Margaridas – naturalmente, houve poucos colegas revisores que se opuseram a tais publicações antigaianas. Nenhum conseguiu atingir o objetivo e o Mundo das Margaridas ainda não foi refutado. [...] o fracasso das refutações deveria ter sido uma advertência de que a teoria neodarwinista tinha falhas (p. 169).

3. Em 1982, Richard Dawkins mostrou que isso era impossível. Ele o disse tão bem e com tal clareza que o assunto foi dado como encerrado pela comunidade científica. [...] Desde então, tornou-se impossível publicar qualquer artigo sobre o assunto em um periódico de primeira linha; os colegas revisores foram convencidos por Dawkins e outros biólogos eminentes que Gaia era mera fantasia New Age (p. 165).

4. Aceitei as críticas de Dawkins de que não havia nenhuma maneira de a vida ou a biosfera regular qualquer coisa além do fenótipo constituinte de seus organismos individuais. O que, então, estaria fazendo a regulação da Terra? Eu não tinha a menor dúvida de que clima e química eram regulados; portanto, o que ou quem o fazia senão a vida (p. 166)?

5. Em 1984, o geocientista H.D. Holland publicou seu "esplêndido livro *The Chemical Evolution of Atmosphere and Oceans*", afirmando que Gaia não é necessária para explicar a geoquímica da

Terra – basta a geociência, a ciência da Terra. Também James Walker, Jim Kasting e P. B. Hayes afirmaram que a regulação poderia ser explicada unicamente pela geoquímica (p. 162).

6. Em 1989, Tyler Yolk e D. W. Schwartzman apresentaram, em artigo na *Nature*, um experimento *in vitro* que confirmou a especulação que Lovelock vinha fazendo com Andrew Watson[9] sobre o "intemperismo biogeoquímico": "mecanismo Gaiano parece bem mais provável como base da regulação da temperatura no mundo real." (p. 163)

7. No início dos anos 1990, a teoria de Gaia tinha feito dez previsões, e oito delas tinham sido confirmadas ou, no mínimo, haviam se tornado aceitas em termos gerais (p. 172-3).

8. Em 2001, o congresso da União Europeia de Geofísica aprovou a "Declaração de Amsterdã", assinada por mais de mil cientistas. "Meus amigos disseram: 'finalmente Gaia é reconhecida como ciência'; mas eu sabia que ainda havia um caminho a percorrer, que a declaração era incompleta e que a teoria de Gaia não faria verdadeiramente parte da ciência enquanto tal declaração não incluísse também uma interpretação cientificamente aceitável da ideia de que a finalidade da autorre-

---

[9] Seu aluno de pós-graduação, hoje professor de biogeoquímica na Universidade de East Anglia.

gulação é a manutenção da habitabilidade. Pesquisadores das ciências da Terra e da vida em Amsterdã não tinham percebido quão ambíguo é falar de autorregulação sem especificar a meta, a finalidade ou o ponto de ajuste do sistema. [...] Mas engenheiros e fisiologistas sabem que autorregulação sem uma meta é bobagem..." (p. 174).

9. Em 2004, no belo livro *The Earth System*, Lee Kump, James Kasting e Robert Crane revelaram nossas relações amistosas. O motivo da discórdia está na natureza frequentemente reducionista e disciplinar das ciências da Terra e da vida. Isso dificulta compartilhar ideias sobre Gaia (p. 164).

10. Em 2008, surgiu "a prova de que a Terra autorregula a abundância do dióxido de carbono e a temperatura". "Os cientistas americanos Richard Zeebe e Ken Caldeira publicaram um artigo na *Nature Geosciences* mostrando que o registro de longo prazo da temperatura e da abundância de dióxido de carbono da Terra deduzido das medições de gases em testemunhos de gelo antártico revelou a autorregulação tanto do dióxido de carbono quanto da temperatura por centenas de milhares de anos. Tal evidência, se confirmada, oferece excelente apoio à teoria de Gaia, mas os autores se referiam apenas ao modelo geoquímico de Walker como o mecanismo para a regulação." (p. 164) [...] Richard Zeebe e Ken

> Caldeira usaram evidências de testemunhos de gelo para demonstrar a teoria de Gaia (p. 167).

Ao relatar essas dez etapas da história da teoria, Lovelock faz cinco afirmações bem estranhas:

> 1. Na minha ótica, entender Gaia exige uma familiaridade instintiva com a dinâmica dos sistemas em ação, e isso não é uma parte normal da ciência da Terra ou da vida (p. 164).
>
> 2. Para mim, era óbvio que a biologia pura de Richard Dawkins e a química pura dos geoquímicos não eram capazes de explicar a Terra (p. 166).
>
> 3. [...] os biólogos falharam como discípulos de Darwin em perceber que os organismos não evoluem independentemente de seu ambiente – de fato, os organismos fazem parte de um todo maior, que inclui o ambiente físico e químico que eles e outros organismos alteram (p. 170).
>
> 4. É demasiado frequente supor, de forma equivocada, que a vida simplesmente se adaptou ao ambiente material, qualquer que fosse a época; na realidade, a vida é bem mais empreendedora (p. 175).
>
> 5. Aos poucos, cheguei à conclusão de que os cientistas não se sentem à vontade com a teoria de Gaia porque ela é uma ameaça ao curso de suas vidas diárias. Geocientistas, por exemplo, construíram

> para si um mundo coerente onde tudo pode ser explicado por um conhecimento das propriedades e da história das rochas. [...] O mesmo foi verdadeiro para os biólogos, felizes com um mundo descrito por Darwin e seus sucessores, de organismos evoluindo por seleção natural em um ambiente estático (p. 175-6).

Para discutir tais afirmações, o primeiro capítulo traz três biólogos da UFBA, que, sob a liderança de Charbel El-Hani, dedicam-se à epistemologia. Os autores procuram chamar a atenção dos leitores para o fato de que a ideia mais fundamental da teoria Gaia tende a ser negligenciada quando a ênfase da análise recai sobre a Terra como organismo vivo: a tese de um sistema cibernético que inclui biota e ambiente físico-químico, além de regular variáveis planetárias.

O segundo capítulo, de autoria da geóloga Sonia Maria Barros de Oliveira (USP), tem como questão central a singularidade do planeta Terra. A autora contradiz as versões mais fortes da teoria Gaia, segundo as quais a Terra, sustentada por sua biota, manipularia o ambiente com o propósito de se manter em condições ótimas para a manutenção da vida.

No terceiro capítulo, Mauro Rebelo, biólogo da UFRJ, propõe uma abordagem voltada prioritariamente à divulgação científica – e que será muito útil à capacitação de professores. Como argumento central, afirma que Gaia deve ser entendida como um grande trunfo pedagógico, malgrado toda a polêmica que o tema inevitavelmente envolve.

O que mais se espera é que, juntas, essas três contribuições constituam um convite persuasivo para que o leitor faça seu próprio balanço da contribuição científica de Lovelock.

É importante registrar que o processo de análise não pode depender exclusivamente – nem principalmente – das bombásticas e ziguezagueantes afirmações de Lovelock sobre o caráter mais ou menos catastrófico do aquecimento global. Apesar de muito joio, é bem maior a abundância do trigo.

Referências eletrônicas

IPCC. *Fourth Assessment Report* – Climate Change 2007. Disponível em http://www.ipcc.ch. Acesso em 25-6-2012.

LOVELOCK, J. E. "Guru verde renega catastrofismo climático". Depoimento. Em *Folha de S.Paulo*, 5-5-2012. Disponível em http://www1.folha.uol.com.br/ambiente/1085890-guru-verde-renega-catastrofismo-climatico.shtml. Acesso em 25-6-2012.

VEIGA, J. E. *Triplo desafio à ideologia verde*. Disponível em http://pagina22.com.br/index.php/2011/07/triplo-desafio-a-ideologia-verde/. Acesso em 25-6-2012.

Referências bibliográficas

LOVELOCK, J. E. "Gaia as seen through the atmosphere". Em *Atmospheric Environment*, v. 6, p. 579-80,1972.

_______. "A vingança de Gaia". Entrevista concedida a Diogo Schelp. Em *Revista Veja*, 25-10-2006, São Paulo, Abril, 2006a.

_______. *A vingança de Gaia*. São Paulo: Intrínseca, 2006b.

_______. *Gaia, cura para um planeta doente*. São Paulo: Cultrix, 2006c.

_______. *Gaia*: alerta final. São Paulo: Intrínseca, 2010.

LOVELOCK, J. E. & MARGULIS, L. *Atmospheric Homeostasis by and for the Biosphere: the Gaia Hypothesis*. *Tellus* 26:2, 1973.

VEIGA, J. E. *Aquecimento global: frias contendas científicas*. São Paulo: Senac São Paulo, 2008.

VISSER, W. *Os 50 + importantes livros em sustentabilidade*. Tradução de Francisca Aguiar. São Paulo: Peirópolis, 2012.

Gaia é a teoria de um planeta vivo?

Ricardo Santos do Carmo

Nei Freitas Nunes-Neto

Charbel Niño El-Hani

Introdução

Neste capítulo, examinamos histórica e epistemologicamente a teoria Gaia: o contexto de seu surgimento, seu desenvolvimento e sua situação no cenário científico contemporâneo. Pretendemos defender a tese de que a teoria Gaia, apesar de frequentemente associada a algumas ideias controversas de seu principal proponente, James Lovelock, tem conteúdo científico legítimo e tem contribuído para um entendimento da relação dinâmica entre os seres vivos e o ambiente físico-químico da Terra.

Apresentamos diversas evidências a favor desta tese, com ênfase para o caso da inter-relação entre algas (e outros organismos marinhos) e o clima global, tal como foi proposto por um modelo da teoria Gaia na segunda metade dos anos 1980, a chamada hipótese CLAW.

Contudo, a correta apreciação do caráter científico da teoria depende de uma separação clara entre o que é a teoria Gaia (como uma construção teórica, social e historicamente situada) e o que é o pensamento de Lovelock, sujeito às idiossincrasias individuais de um pesquisador.

Obviamente, Lovelock é um personagem crucial na história da teoria Gaia, mas devemos notar que o argumento central dessa teoria – presente em seus modelos bem-sucedidos, como o mencionado acima – é que os seres vivos e seu ambiente físico-químico formam, em escala global, um sistema cibernético em que os organismos vivos desempenham um papel ativo na regulação dos fatores físico-químicos do meio material, do qual são parte indissociável. É essa afirmação testável da teoria Gaia – e não a controversa noção de que a Terra "é viva", encontrada em grande parte dos trabalhos de Lovelock – que merece maior atenção da comunidade científica.

Teoria Gaia: um eixo relevante da ciência do sistema Terra

Hoje, ao afirmarmos para cientistas e para o público em geral que a biosfera, a atmosfera, a hidrosfera, a criosfera, os solos e a crosta, conectados por mecanismos de retroalimentação (*feedback*), formam um sistema de controle adaptativo, isto é, um sistema cibernético que mantém o ambiente físico-químico da Terra em homeostase, encontramos duas situações interessantes.

A reação mais comum dos cientistas é a defesa desta tese, com a concepção de que ela orienta um programa de pesquisas para o entendimento integrado do funcionamento do sistema Terra (Lenton & Wilkinson, 2003). Por exemplo: para pesquisadores em química atmosférica e clima (ver, por exemplo, Vasconcellos *et al.*, 1998) que estudam a composição química do aerossol atmosférico, analisando as espécies químicas emitidas pela vegetação ou produzidas durante a queima de biomassa na Floresta Amazônica, ou para biólogos (ver, por exemplo, Howard *et al.*, 2006) que pesquisam a regulação dos fluxos de enxofre nos oceanos, falar nesses termos é positivo para suas investigações, porque sugere inovações teórico-metodológicas para o estudo integrado dos ciclos biogeoquímicos, com ênfase nas interações entre os organismos e seu meio material.

Entretanto, tão logo esclarecemos o fato de ser esta a tese central da teoria Gaia, cujo principal proponente é o químico inglês James Ephraim Lovelock, tal enunciado, que ensejava investimentos de pesquisa, pode vir a causar desconforto. A aceitação da ideia de sistema cibernético pode ser colocada sob suspeita pelos cientistas, por mais profícua que pareça. Por sua vez, o público em geral costuma reagir com espanto. O motivo pelo qual a visão de um sistema cibernético pode desapontar as pessoas reside no fato de que a teoria Gaia é conhecida pelo grande público como a tese de que a Terra é viva (ou de que ela é um superorganismo vivo que intencionalmente torna o ambiente adequado para toda a biota). De fato, é tomando essa perspectiva, já superada e fora de foco de pesquisa desde meados dos anos 1980, que se mostra equivocado o entendimento de que Gaia é a teoria da Terra ou da biota da Terra que "manipula" o ambiente para si própria. Então, é trivial a crítica que se faz à teoria Gaia nesse sentido porque os efeitos de estabilização ou de desestabilização das condições físico-químicas do planeta não decorrem das atividades dos organismos, mas sim de conjuntos de redes de mecanismos de retroalimentação negativa e positiva que envolvem os próprios organismos e os componentes não--vivos do meio material. Portanto, a menção à proposta de um sistema cibernético, acoplando biota e ambiente físico--químico, pode parecer destituída de uma poética "sedutora", uma vez que as pessoas estão inclinadas a um animismo que se vê representado nas metáforas de Lovelock.

A ideia de que a Terra é um grande organismo vivo que regula as variáveis ambientais em escala global (temperatura planetária, composição química atmosférica, pH e salinidade dos oceanos, potencial redox, entre outras) com o objetivo de tornar possível a manutenção das diversas formas de vida é a concepção mais comum que se tem da teoria Gaia, dentro e fora da comunidade científica. Por exemplo: escrevendo para o prestigioso periódico *Science* acerca dos avanços teóricos e empíricos da teoria Gaia e do grande interesse dos cientistas em testá-la, o jornalista britânico Richard Kerr, graduado em oceanografia química, assim elaborou a chamada para seu artigo: "A hipótese Gaia, de que a Terra é um organismo imenso e singular, que cria intencionalmente um ambiente ótimo para si, tem se tornado mais palatável; uma ciência está vindo dela" (Kerr, 1988: 393).

No jornal *O Globo*, vemos abordagem semelhante. Na introdução de uma entrevista com James Lovelock, o repórter Fernando Duarte assim caracteriza Gaia: "A teoria que nos anos 1960 desafiou a ciência ao propor que a Terra é um organismo vivo, capaz de se regular automaticamente para garantir as condições de vida no planeta" (Duarte, 2004: 80).

Esse tratamento se repete em uma das edições da revista *Planeta*, veículo de divulgação científica de amplo acesso ao público brasileiro não especializado. Diante de uma capa que traz a ilustração da Terra sustentada entre os dedos de uma mão, convida-se o leitor à matéria principal por meio do título "A Terra é um ser vivo". Logo nas primeiras linhas do texto, enfatiza-se o fato de que Lovelock "provocou mais de 40 anos de polêmica no mundo da ciência com sua hipótese Gaia", por causa da noção de que "nosso planeta seria um ser vivo" (Araia, 2012).

Nosso entendimento é o de que essa ênfase na divulgação de Gaia como um superorganismo vivo é excessiva e resulta em um efeito colateral bastante grave para o futuro de uma teoria que, se interpretada com maior cuidado, não somente se mostra científica, como também traz importante contribuição para a compreensão do sistema Terra. Esse efeito colateral reside no desvio do foco de nossa atenção da tese de um sistema cibernético integrado pela biota e pelo ambiente físico-químico, e capaz de regular variáveis planetárias por meio de mecanismos de retroalimentação. Em vez disso, a teoria se vê reduzida à mera metáfora da metáfora da Terra, que otimizaria o ambiente para todas as formas de vida

Outro problema enfrentado pela teoria Gaia deriva da falta de clareza quanto ao fato de ela ser uma "hipótese" ou "teoria". A origem do problema está no fato de que nem sempre há na comunidade científica um tratamento preciso de importantes conceitos metateóricos, como "lei", "hipótese", "teoria", "modelo", "evidência", "observação", "experimentação", entre outros. Em geral, quando nos referimos a conteúdos bem estabelecidos de um determinado campo, a distinção imprecisa quanto ao que entendemos por "hipótese" ou "teoria" não costuma gerar mais que alguma dificuldade na comunicação. Contudo, no caso de um construto teórico que inclui tanto ideias científicas quanto não científicas, isso tem implicações mais profundas, podendo inclusive gerar descrédito: na linguagem cotidiana, dizer que uma ideia é uma "hipótese" significa posicioná-la em situação inferior em uma suposta "hierarquia do conhecimento", tornando-a menos digna de atenção. No tópico "Gaia: hipótese ou teoria", retornaremos a este problema, explicando como o significado epistemológico de termos como "teoria", "hipótese" e "lei" não implica esse tipo de visão hierárquica que se vê na linguagem cotidiana e, a partir dessa análise, será justificada a opção por tratar Gaia sistematicamente como uma teoria.

O próprio Lovelock complicou a discussão científica sobre suas ideias ao fazer afirmações como a de que, como uma simples hipótese, "Gaia se assemelha a uma crença religiosa, ela é cientificamente não testável e, portanto, incapaz em seu próprio contexto de maior racionalização" (Lovelock, 2000a: 15). É interessante observar que, tendo em conta principalmente declarações como essa, Sharon Kingsland, uma importante historiadora da ecologia, ao tratar de conceitos influentes no desenvolvimento desta disciplina, também entende Gaia como uma hipótese e enxerga nela uma dimensão religiosa: "[George Evelyn] Hutchinson, apesar de rejeitar os elementos puritanos da ecologia norte-americana do centro-oeste, era profundamente fascinado pelos mistérios da religião. Os escritos populares de Lovelock sobre a hipótese Gaia também tocam em temas religiosos" (Kingsland, 1994: 353).

Por que há tanto conflito a respeito da teoria de Lovelock? Seria meramente resultado de sua denominação, "Gaia"? A origem das dificuldades estaria no próprio Lovelock? Ou seria resultado do nome dado à teoria, associado às declarações controversas de seu principal proponente? Entendemos que as controvérsias em torno de Gaia envolvem uma diversidade de fatores, incluindo sua denominação e as atitudes e afirmações de Lovelock, mas também uma série de outras causas, a exemplo da tendência holística das explicações dadas pela teoria, que entram em tensão com a tendência reducionista frequentemente predominante na ciência.

Como documentam as pesquisas em sociologia da ciência, não basta que uma teoria seja bem formulada, tenha apoio empírico ou explique uma variedade de fenômenos para que seja aceita. Outros fatores estão em jogo nesse processo, como, por exemplo, financiamento, política, credibilidade dos cientistas que a defendem. E a teoria Gaia é um bom exemplo do peso da relação do cientista com seus colegas e com a sociedade no processo de aceitação de um construto científico. Mudanças na linguagem, negociação de resultados e a realização de verdadeiras campanhas na comunidade científica para fortalecer ou excluir teses de uma determinada teoria são estratégias realizadas pelos cientistas com o intuito de obter uma aceitação mais ampla de uma teoria científica na comunidade da qual fazem parte (Shwed & Bearman, 2010: 819). Lovelock e seus colaboradores empregaram todas essas estratégias na tentativa de gerar um consenso em torno de Gaia. Veremos ao longo deste capítulo como algumas dessas estratégias foram aplicadas e como obtiveram um aumento na aceitação da teoria Gaia dentro da comunidade científica ao longo dos últimos trinta anos.

No Laboratório de Ensino, História e Filosofia da Biologia (LEHFBio, IB-UFBA), desde o ano de 2000, temos dedicado atenção à teoria Gaia. A motivação para essa atenção foram os interesses que ela desperta como objeto de estudos epistemológicos e a possível contribuição dessa teoria ao ensino e à aprendizagem de ciências. Porém, o fato de que ela se tornou parte de um "coquetel de misticismo" (Rodel, 1995) nos fez perceber um risco grave envolvido em nossos trabalhos: a abordagem da teoria Gaia nas salas de aula poderia levar à introdução de conteúdos estranhos à educação científica. Isso nos colocou a necessidade de analisar sua cientificidade, projeto que realizamos à luz de uma influente teoria da ciência, a "metodologia dos programas de pesquisa científica", desenvolvida por Imre Lakatos, filósofo da ciência e da matemática (Lima-Tavares, 2002; Nunes-Neto, Carmo & El-Hani, 2009a).

Os resultados dessa análise epistemológica nos orientaram em uma série de outros projetos. É o caso, por exemplo, da investigação levada a cabo para entender como os autores de livros didáticos brasileiros que tiveram suas obras aprovadas no Programa Nacional do Livro Didático para o Ensino Médio (PNLEM) do Ministério da Educação (MEC), no ano de 2007, apresentavam aos estudantes e professores as teses da teoria Gaia – quando o faziam (Carmo, Nunes-Neto & El-Hani, 2009: 469-501). Esses trabalhos nos levaram à investigação de outra questão: a teoria Gaia gozaria de legitimidade social e epistemológica como conteúdo do ensino superior e do ensino médio? Essa investigação obteve resposta positiva e ainda ensejou uma discussão sobre os ganhos que a teoria Gaia pode trazer para o ensino médio – como, por exemplo, uma compreensão mais integrada dos ciclos biogeoquímicos, da origem da vida na Terra e das eras geológicas (Guimarães *et al.*, 2008).

Outra conclusão desse estudo foi que, para que os ganhos mencionados sejam possíveis, é preciso deslocar a ênfase dada às metáforas animistas de Lovelock, que, infelizmente, têm recebido a maior parte da atenção dos livros didáticos de biologia (Carmo, Nunes-Neto & El-Hani, 2009), para o enunciado testável de um sistema cibernético que acopla biota e ambiente físico-químico via mecanismos de retroalimentação, tornando as condições do planeta mais favoráveis, não a todas, mas à maioria das formas de vida.

Neste capítulo, discutimos a teoria de Gaia com dois objetivos principais: distinguir, no corpo de afirmações associadas a ela, ideias científicas e não científicas – a exemplo das ideias animísticas mencionadas acima – e deixar claro que, desde a década de 1980, não mais pairam dúvidas acerca da cientificidade da tese central da teoria de Lovelock. De fato, trata-se de uma teoria que está incorporada à biogeoquímica e figura hoje como parte do conhecimento científico convencional sobre a Terra, tendo contribuído de modo muito relevante para a formação da recente Ciência do Sistema Terra (CST) (Lenton & Wilkinson, 2003; Tickell, 2004: 224). Segundo Arthur Petersen, pesquisador holandês da CST:

> O termo *Ciência do Sistema Terra* implica uma lembrança ligeiramente imparcial para a ciência pensar acerca da integração de todas as partes que constituem o sistema Terra. O valor agregado de incluir uma referência a Gaia [...] pode ser o de que ela proporciona uma unidade de análise potencialmente frutífera na mais larga escala (Petersen, 2004: 38).

No Brasil, em particular, importantes linhas de pesquisa que podem ser relacionadas à teoria Gaia (como a de "interações biosfera-atmosfera") têm sido desenvolvidas por centros renomados como o Instituto Nacional de Pesquisas Espaciais (INPE), desde a criação, em 2008, do Centro de Ciência do Sistema Terrestre (CCST). Entretanto, como esclarece a bióloga norte-americana Lynn Margulis (Margulis, 2004: 8; Margulis, 2000: 16), muitos autores (ver, por exemplo, Johnson, Ruzek & Kalb, 1997; Moorcroft, 2006; Nobre *et al.*, 2010) vinculados à CST trabalham com conceitos próximos à teoria Gaia, mas evitam fazer referência a ela – algo que ocorre também no Brasil. A despeito disso, o fato de que a teoria Gaia se tornou parte integral da CST é amplamente reconhecido tanto pelos pesquisadores que têm colaborado com Lovelock quanto por seus críticos (ver, por exemplo, Kirchner, 2002).

Entretanto, não há consenso quanto a vinculação explícita das atuais explicações da CST à teoria Gaia. Algumas vezes se destaca o reconhecimento de que Lovelock é autor de uma teoria original que tem levado a pesquisas interdisciplinares acerca dos efeitos regulatórios da biota nos mecanismos de regulação das condições do ambiente físico-químico da Terra (o clima, por exemplo); em outras ocasiões, esse fato é deixado implícito. Um reconhecimento explícito é encontrado, por exemplo, no seguinte trecho de um livro didático sobre CST:

> A tarefa de integrar as esferas e os ciclos biogeoquímicos emerge como um necessário mas também assustador desafio. A ciência disciplinar contribuiu pouco na forma de um precedente para nós, embora orientação substancial tenha sido propiciada por pioneiros como Arrhenius, Vernadsky e Lovelock, que pressagiaram estes desenvolvimentos globais (Jacobson et al., 2000: 11).

Por outro lado, não é comum encontrarmos uma admissão de que é uma contribuição da teoria Gaia a tese de que a evolução biológica e a evolução do ambiente físico-químico não são dois processos independentes, mas, antes, duas facetas do mesmo processo, de modo que os pontos de regulação dos parâmetros do sistema Terra (por exemplo, aumento do teor de oxigênio, intemperização de fósforo em rochas, albedo)[1] se alteram no tempo geológico, o que se deve, em grande parte, à dinâmica dos processos biológicos nas diferentes escalas do mundo vivo. Vemos essa mesma explicação – sem referência a Gaia – nos termos da *Declaração de Amsterdã sobre mudança global*:

> O Sistema Terra se comporta como um sistema autorregulatório único, formado por componentes físicos, químicos, biológicos e humanos. As interações e retroalimentações entre as partes componentes são complexas e exibem variabilidade temporal e espacial em múltiplas escalas (Moore III et al., 2012).

Essa declaração, preparada por pesquisadores de quatro grandes programas internacionais de pesquisa científica (Programa Internacional Biosfera-Geosfera, Programa Internacional Dimensões Humanas sobre Mudança Ambiental Global, Programa de Pesquisa sobre o Clima Mundial e Programa Internacional da Biodiversidade), teve repercus-

---

[1] O albedo é uma medida da reflexão de parte da energia total incidente em uma superfície, isto é, o grau de reflexividade de uma superfície. Nesses termos, os objetos ou superfícies de cor escura absorvem mais radiação infravermelha e possuem baixo albedo, enquanto um albedo mais alto é registrado em superfícies mais reflexivas, como as nuvens ou a cobertura de gelo da Terra.

são significativa. Em 13 de julho de 2001, contava com a assinatura de mais de mil pessoas. No entanto, esse trecho é praticamente uma enunciação da tese central da teoria Gaia, embora não haja, como já observaram Margulis e o ambientalista inglês Crispin Tickell, qualquer menção a essa teoria no texto. Como colocou Lovelock, vale a pena nos perguntarmos "quantos daqueles que assinaram a declaração sabiam que estavam colocando seus nomes em um enunciado da teoria Gaia" (Lovelock, 2004: 1).

Tanto Margulis quanto Tickell avaliam que dar nova denominação à teoria Gaia pode ser uma boa estratégia para encorajar os cientistas a reconhecer que a ideia-chave da teoria de Lovelock é a afirmação de que a Terra é um sistema de autorregulação ou cibernético, não a de que a Terra é viva como plantas e animais e supostamente orientada ao objetivo de manter condições ótimas para a biota. Assim, a comunidade científica poderia admitir a contribuição dessa teoria para a compreensão atual acerca do sistema Terra. No que concerne à mudança de nome da teoria, Tickell traz à tona o fato de que muitas vezes a recusa à teoria de Lovelock é injustificada:

> O que reside num nome? Recordo de uma conversa com um cientista famoso, ávido para lançar ao lixo "todo esse nonsense sobre Gaia". Quando eu protestei e propus renomeá-la "geofisiologia", "ciência do sistema Terra", ou algo similar, ele se animou e terminou por confessar que "a maioria dela deve estar correta". A escolha da deusa grega Gaia, em vez de algum polissílabo científico derivado do grego, ou de algum acrônimo pior, foi um risco. Por um lado, era atrativo

> demais para aqueles em busca de uma nova religião, num tempo em que as religiões tradicionais estavam colapsando; por outro, era repulsivo demais para aqueles que gostam de ocultar sua ciência sob um vocabulário em código (Tickell, 2004: 223).

Em nosso entendimento, não se trata de apenas mudar o nome de "teoria Gaia" para "CST": Primeiramente, isso ensejaria o próprio desconhecimento da contribuição dada pelas ideias originais de Lovelock e da comunidade de pesquisadores que se formou a partir da tese científica de autorregulação em múltiplos níveis do sistema Terra; em segundo lugar, porque a CST investiga outros processos além da evolução acoplada entre biota e ambiente físico-químico. No entanto, o próprio fato de que essas questões permaneceram na pauta de discussão sugere que ainda restam suspeitas sobre a teoria Gaia, o que torna ainda mais clara a necessidade de uma apreciação de sua legitimação epistemológica, como pretendemos fazer neste capítulo.

Inicialmente, trataremos da história do nome "Gaia". Em seguida, discutiremos o contexto no qual Lovelock, a partir de um conjunto de observações empíricas acerca da composição química das atmosferas de Marte, Vênus e Terra, buscou construir uma teoria do funcionamento do sistema Terra. Essa análise nos conduzirá aos passos seguintes: discutir se Gaia deve ser qualificada como hipótese ou como teoria e tentar entender de que maneira a perspectiva de Lovelock se qualifica como original, tendo em vista a possível influência recebida de ideias do geólogo escocês James Hutton e do geoquímico russo-ucraniano Vladimir Ivanovich Vernadsky.

Feita essa reflexão, examinaremos as razões que levaram a teoria Gaia a sofrer resistência de grande parte da comunidade científica. Enfocaremos a dificuldade de se oferecer uma base teórica consistente para a ideia de que a Terra pode ser viva, discutindo em que medida essa afirmação contribuiu para objeções à teoria. Por fim, discutiremos um importante avanço teórico e empírico resultante da tese do acoplamento biota-ambiente material, elemento central na teoria Gaia, mostrando como essa teoria tem levado a importantes previsões testáveis, como é o caso da proposta de um mecanismo visando explicar como o metabolismo de algas planctônicas participa da produção de nuvens e do ciclo do enxofre, a hipótese CLAW. Isso nos levará às nossas considerações finais, nas quais reiteraremos nossa posição de que Gaia é uma teoria científica, mas que necessita, para um uso produtivo na ciência e na educação científica, de uma distinção entre suas ideias testáveis e heuristicamente poderosas e algumas ideias idiossincráticas de seu principal proponente, James Lovelock, que terminaram por ganhar mais notoriedade do que o conteúdo principal da teoria.

Uma ideia em busca de um nome

Na mitologia grega, Gaia é o nome da deusa que personifica a Terra. Foi o romancista William Golding, no início da década de 1970, quando morava na antiga área rural de Bowerchalk, no sudoeste da Inglaterra, que recomendou a seu vizinho, o químico inglês James Lovelock, que assim designasse a teoria de que "a vida, ou a biosfera, regula ou mantém o clima e a composição da atmosfera em um nível ótimo para si mesma" (Lovelock, 1990: 100). Dessa maneira foi explicado inicialmente o conteúdo principal da teoria Gaia por Lovelock, na década de 1960. Na década de 1970, essa explicação foi refinada para a "noção da biosfera como um sistema adaptativo de controle que pode manter a Terra em homeostase" (Lovelock & Margulis, 1974b: 93).

Se Lovelock nunca tivesse se encontrado com Golding enquanto fazia sua habitual caminhada nos arredores de seu grande terreno no interior da Inglaterra, seria esse o nome da teoria? É difícil responder a essa questão, mas é fartamente conhecida sua gratidão a Golding pela sugestão do nome.

Isso tem forte relação com a interessante posição de Lovelock na comunidade científica. Tendo adquirido sua formação básica por meio da leitura de livros emprestados da biblioteca pública do distrito londrino de Brixton, ele se tornou um cientista atípico, iniciando sua carreira como cientista independente, vivendo com os recursos oriundos de suas invenções e de serviços prestados para a Hewlett Packard (HP) (Lovelock, 2001: 170). Em parte, é por entender que cientistas independentes são como artistas, cultivando a liberdade de pensamento como regra (Lovelock, 2000a: 8), que Lovelock vem defendendo o vínculo com a deusa grega Gaia. Ela seria uma inspiração para investigar a Terra como um sistema com "anatomia" (estrutura e textura dos solos, plataforma marinha, forma dos continentes) e "metabolismo" (ciclos biogeoquímicos) regulados por inúmeros mecanismos de retroalimentação que envolvem atividades dos organismos (fotossíntese, respiração, biomineralização).

Em outras palavras, para Lovelock, Gaia é um termo do qual podemos fazer bom uso para explicar como as atividades dos organismos vivos têm efeito significativo na "anatomia" e no "metabolismo" global de um grande e complexo sistema Terra. Esse modo de expressar uma teoria científica teve algumas implicações indesejáveis, mas é necessária uma leitura ponderada para entender que a teoria Gaia não perde em qualidade por ter sido assim nomeada, tratando-se apenas de uma atitude provocativa de Lovelock com o objetivo de chamar a atenção para ideias importantes (ver, por exemplo, Lovelock, 1991: 1472). Margulis faz uma interpretação parecida com essa, argumentando que tal objetivo foi alcançado: "Sem o estímulo da curiosidade, como Jim Lovelock percebeu, tais questões da tímida deusa Gaia nunca teriam sido levantadas pela sociedade científica polida" (Margulis, 2004: 11).

Contudo, note-se que outras denominações chegaram a ser cogitadas antes do batismo definitivo por influência de Golding. Lovelock cogitava referir-se à tese de autorregulação do sistema Terra usando uma maneira comum de nomear teorias em ciência: por meio de acrônimos. Assim, sua proposta original era, em vez de "Gaia", chamar sua teoria de "teoria BUST" ou, talvez, "teoria BUSH", que seriam acrônimos para algo como: "Homeostase/Tendência de Sistema Universal Biocibernético" (do inglês, *Biocybernetic Universal System Tendency/Homeostasis*) (Lovelock, 2000a: 10).

Desde o início, porém, Lovelock demonstrou estar insatisfeito com essa expressão, uma vez que, como ele mesmo tratou de explicar em seu primeiro livro a respeito da teoria, *Gaia: A new look at life on Earth* [Gaia: Um novo olhar sobre a vida na Terra], publicado em 1979, essa seria uma proposição formal "grosseira". Tal proposição não cumpriria o objetivo principal de instruir as pessoas quanto à investigação das estreitas relações do sistema Terra, das quais elas mesmas são parte e nas quais interferem (Lovelock, 2000a: 10). "Eu necessito de uma boa palavra de quatro letras", ele confessou a Lynn Margulis, uma de suas primeiras colaboradoras, que levou sua teoria para pesquisas em microbiologia e evolução celular (Margulis, 1998: 117).

A intenção de Lovelock era avançar com a ideia testável de um sistema cibernético global e elaborar o entendimento de um efeito regulatório significativo da vida, incluindo as atividades humanas, sobre o ambiente planetário. William Golding, ao ouvir tais ideias, batizou-as poeticamente com o nome da deusa Gaia, que simboliza a Terra na mitologia grega. Lovelock recebeu isso muito bem: em primeiro lugar, porque lhe parecia compatível com a tese essencial de autorregulação planetária, e, em segundo, porque já pensava na metáfora do superorganismo. É por isso que, em 1988, na publicação de seu segundo livro, *The Ages of Gaia: A Biography of our Living Earth* [As eras de Gaia: uma biografia de nossa Terra viva], ele ressaltou uma vez mais a decisão sobre o nome: "tudo que pode ser identificado como um superorganismo merece um nome, e o que melhor do que Gaia, nome que os gregos usavam para a deusa Terra?" (Lovelock, 1995: 3).

Não há dúvida de que a referência ao mito grego agradou a Lovelock. Como dissemos, "Gaia" é um nome curto que poderia expressar a relação entre conceitos ligados à ideia de regulação cibernética, como homeostase, homeorrese[2] e auto-organização, definidos na biologia e importados para a compreensão de sistemas complexos como a Terra.

---

[2] Um fenômeno comum aos sistemas vivos – também em outros sistemas complexos, como os ecológicos: aproximação de diferentes estados estáveis (*steady-state*), em sucessivos períodos, após mudanças súbitas. Trata-se de uma parte importante da homeostase, que é um estado dinâmico de equilíbrio, independente do tempo.

Além disso, embora seja um agnóstico declarado, Lovelock mostra forte inclinação ao espiritualismo. Assim, chamar a teoria de "Gaia" também se prestava a acomodar sua crença pessoal. Aqui, já é importante identificar a *raison d'être* da comum acusação de não cientificidade da teoria, a despeito de ela ter levado a avanços na compreensão do sistema Terra:

> Por ora, minha crença em Deus repousa em um estádio de agnosticismo convicto. Eu estou muito profundamente comprometido com a ciência para ter uma fé pura; igualmente inaceitável para mim é o mundo materialista do fato puro. Arte e ciência parecem interconectadas entre si e com a religião, e estão se expandindo mutuamente. O fato de Gaia poder ser ao mesmo tempo espiritual e científica é, para mim, profundamente gratificante. A partir de cartas e conversas, descobri que uma compaixão pelo superorganismo, a Terra, sobreviveu, e muitos sentem uma necessidade de incluir esses velhos valores em seus sistemas de crenças, por si mesmos e porque sentem que a Terra de que eles são parte está sob ameaça. De algum modo, vejo Gaia como um ser sensível, um substituto de Deus (Lovelock, 1995: 204).

Ao defender explicitamente, ainda hoje (ver, por exemplo, Lovelock, 2009: 84), a metáfora da Terra como um superorganismo vivo, Lovelock passou a ser visto como um tipo de *persona non grata* entre seus colegas cientistas (Gillon, 2000; Kump, 2009), sendo o status científico de sua teoria colocado em xeque por diversas vezes (Postgate, 1988; Kirchner, 1989; Kirchner, 1993). Contudo, foi bem recebido como uma espécie de "guru" do meio ambiente. De fato, essa ainda é uma forte associação que se faz com o nome de Lovelock quando há reportagens a seu respeito no Brasil (ver, por exemplo, Lopes, 2012) e em outros países, ainda que ele rejeite esse título, dizendo, em tom de brincadeira, que verde "é a cor do mofo e da corrupção" (ver, por exemplo, Goodell, 2012).

Na prática, o título poético "Gaia" para uma tese científica e algumas declarações informais de Lovelock acerca de sua teoria repercutem sinalizando ora para o aprofundamento das investigações científicas, como mostra a realização de muitos encontros científicos internacionais com a teoria Gaia como tema principal,[3] ora para a resistência da comunidade científica em testar a teoria experimentalmente. Ao longo dos anos, e apesar das críticas, o uso desse nome certamente foi inspirador. Arthur Petersen argumenta que a referência a "Gaia" traz a importante contribuição de apontar para uma unidade de análise em larga escala (Petersen, 2004: 38). Além disso, parece claro que uma explicação científica como a que propõe a teoria Gaia pode coexistir com uma metáfora inspiradora.

Biologia, química e... filosofia: bases da teoria Gaia

A tese de que o ambiente físico-químico da Terra é, em grande medida, uma construção biogênica foi comunicada como "teoria Gaia" em uma carta intitulada *Gaia as seen through the atmosphere* [Gaia vista através da atmosfera],

---

[3] Ver, por exemplo, First AGU Chapman Conference on Gaia Hypothesis, 1988, Berkeley. *Proceedings*... Berkeley: University of California, 1988. Também, 2nd Chapman Conference on the Gaia Hypothesis, 2000, Valencia. *Proceedings*... Valencia: Universitat de Valencia, 2000. Além desses, influenciando outros: por exemplo, a tradicional Goldschmidt Conference.

enviada por Lovelock (1972) aos editores do periódico *Atmospheric Environment*. Mas esse conhecido registro da teoria foi tão somente sua comunicação oficial. Não foi por essa via, para sermos fiéis à sequência dos acontecimentos, que Lovelock iniciou a mudança de percepção da comunidade científica acerca do modo como funciona o sistema Terra. Ideias preliminares sobre um sistema Terra autorregulável foram introduzidas pela primeira vez por Lovelock em um artigo pouco conhecido, publicado em 1968 nas atas de um encontro da Sociedade Norte-Americana de Astronáutica (Lovelock & Giffin, 1968). Além disso, no ano seguinte, Lovelock voltou a apresentar sua teoria à comunidade científica, ainda sem a denominação "Gaia", em uma conferência em Princeton sobre o tema "Origens da vida na Terra" (ver Lovelock, 1995). Nesses trabalhos, mais ou menos articulados, estão as ideias e os conceitos relevantes da teoria Gaia, resultantes das pesquisas realizadas por Lovelock entre os anos de 1961 e 1966, quando trabalhou em Pasadena, no Laboratório de Propulsão a Jato da Nasa (Administração Nacional de Aeronáutica Espacial dos Estados Unidos da América) (Lovelock, 2000c).

Em 1961, ao receber em casa a carta do engenheiro mecânico Abe Silverstein, então diretor das operações de voos espaciais da NASA, Lovelock se dispôs a aceitar o convite para desenvolver experimentos para a primeira missão lunar instrumentada. Em *The ages of Gaia*, Lovelock lembra bem do estado de "alegria e incredulidade" em que ficou logo após receber esse convite. Mas, pouco depois, foi transferido para trabalhar em um projeto que considerava mais interessante, que visava à criação de instrumentos para a detecção de vida em outros planetas. Ele contribuiu para esse projeto até se desligar completamente da NASA, em 1975, quando as sondas espaciais Viking foram enviadas a Marte (Lovelock, 1995: 4). Ao iniciar as pesquisas nesse novo projeto, o fato de a equipe inteira estar trilhando um caminho inadequado decepcionou Lovelock:

> Eu esperava encontrar biólogos envolvidos no projeto de experiências e instrumentos tão maravilhosa e minuciosamente construídos quanto as próprias naves espaciais. A realidade foi uma decepção que marcou o fim de minha euforia. Percebi que as experiências deles tinham pouca chance de descobrir vida em Marte, mesmo que ela estivesse enxameando no planeta (Lovelock, 1995: 4).

Em outras palavras:

> Eles estavam procurando vida do tipo terrestre, em um planeta em nada semelhante à Terra. Dian e eu tínhamos a impressão de ser os convidados de uma expedição para procurar camelos na calota polar da Groenlândia, ou para apanhar peixes que nadavam nas dunas de areia do Saara (Lovelock, 2000c: 79).

Para Lovelock, era necessário construir experimentos que não estivessem voltados apenas para um tipo de vida em particular, como a vida que se encontra em nosso planeta: os experimentos deveriam buscar algo que sinalizasse a ocorrência de seres vivos em termos substancialmente mais gerais (Lovelock, 1965). Entretanto, essas reflexões de Lovelock não foram bem compreendidas pela equipe e apenas se tornaram mais claras após conversas com a filósofa Dian

Hitchcock, contratada exclusivamente para avaliar a coerência lógica das pesquisas conduzidas pela NASA. Com base em uma apreciação crítica dos instrumentos planejados para a detecção de vida em outros planetas, Lovelock e Hitchcock concluíram que o problema estava no arcabouço teórico usado pelos biólogos da equipe, que os fazia pressupor uma semelhança com a vida na Terra como base para orientar a busca de seres vivos em outros planetas. Juntos, o cientista e a filósofa levantaram uma questão fundamental: "Como podemos ter certeza de que as formas de vida de Vênus e Marte, caso existam, sejam passíveis de descoberta a partir de testes baseados na vida como a conhecemos na Terra?" (Lovelock, 1995: 5).

Examinando essa questão, eles chegaram à conclusão de que a característica mais geral da vida era a de que todos os organismos vivos assimilam matéria e energia e descartam resíduos metabólicos. Supondo que em qualquer planeta os organismos utilizam a atmosfera e os oceanos (caso estes existam) como fontes de matéria-prima e local para depósito de resíduos, Lovelock e Hitchcock propuseram, em 1967, alguns testes para verificar a presença de vida em um planeta. Em um desses testes (Hitchcock & Lovelock, 1967), comparava-se a composição química das atmosferas de Vênus, Marte e Terra, sendo esta última utilizada como controle, na condição de um planeta no qual a presença de vida é comprovada. A base teórica do teste era simples: se um planeta não apresentasse vida, sua atmosfera seria determinada apenas pela física e pela química e, desse modo, estaria próxima ao estado de equilíbrio químico. Em contraste, a atmosfera de um planeta que contivesse seres vivos apresentaria uma espécie de "assinatura" química característica, uma combinação especial de gases que poderia ser detectada até mesmo a partir da Terra. Essa "assinatura" seria um estado de constante desequilíbrio químico causado pela retirada de matéria-prima e pela incorporação de resíduos metabólicos dos organismos.

Quando Hitchcock e Lovelock examinaram as informações acerca da atmosfera de Marte obtidas pelo Observatório Pic du Midi, na França, perceberam uma diferença significativa entre a atmosfera daquele planeta e a atmosfera terrestre. A atmosfera de Marte estava próxima do equilíbrio químico e era dominada por dióxido de carbono (CO_2). A atmosfera da Terra, de modo diferente, apresentava um estado de notável desequilíbrio químico, com uma composição na qual nitrogênio (79%) e oxigênio (21%) são os gases mais abundantes, enquanto o dióxido de carbono (CO_2) tem uma concentração de apenas 0,03%. A atmosfera terrestre também contém monóxido de carbono (CO), hidrogênio (H_2), metano (CH_4), óxido nítrico (NO_2) e ácido clorídrico (HCl). Estes resultados mostravam aspectos surpreendentes da atmosfera da Terra, como a coexistência de concentrações elevadas de oxigênio e metano, dois gases altamente reativos. Para compreendermos a magnitude da condição termodinamicamente instável da atmosfera da Terra, basta notar que, em uma a duas partes por milhão de ar, o metano existe em concentração 10^{35} vezes superior àquela esperada em um sistema fechado, com um quinto de oxigênio reativo livre. Estes dois gases reagem quimicamente quando estão em presença da luz solar, formando CO_2 e vapor d'água. Para manter suas concentrações constantes, é necessário incorporar à atmosfera cerca de um bilhão de toneladas de metano e cerca de dois bilhões de toneladas de oxigênio por ano. Igualmente fora do comum na atmosfera terrestre é a presença de gases de fácil decomposição, como o óxido nítrico (NO), com suas concentrações sendo mantidas há longo tempo na escala geológica.

A estabilidade da temperatura do planeta Terra também chamou a atenção de Lovelock: enquanto estudos astronômicos mostravam que a luminosidade do Sol sofreu um aumento de 25% desde o surgimento da vida, a temperatura da Terra não sofreu alteração significativa pelo menos nos últimos 3,3 bilhões de anos (Lovelock & Watson, 1982; Lovelock, 2000b). Mesmo nos períodos glaciais, a temperatura média das regiões tropicais não chegou a ser mais do que 8 °C menor do que a observada durante os períodos interglaciais. Em meio a essas observações da composição química atmosférica e da estabilidade da temperatura, o ponto nevrálgico estava na explicação de aspectos como os seguintes: de onde vêm estas enormes quantidades de metano e oxigênio? Qual seria uma explicação plausível para a manutenção de uma condição tão instável na atmosfera terrestre por períodos tão longos, bem como uma temperatura tão pouco variável?

Nesse contexto de evidências de que processos bióticos de baixa escala, como fotossíntese e biomineralização, poderiam ter influência em processos de larga escala, como a formação da atmosfera e a regulação da temperatura planetária, teve início a intensa colaboração e amizade de Lovelock com a bióloga Lynn Margulis. A partir de 1974, o que inicialmente era um conjunto de intuições frouxamente associadas a conceitos como "homeostase" e "entropia", sob o já conhecido rótulo "Gaia", terminou por transformar-se, com o aporte de Margulis, em um corpo teórico mais bem definido. Em sua autobiografia, o próprio Lovelock fornece uma explicação melhor sobre a preciosa contribuição do pensamento biológico de Margulis:

> Lynn e eu apoiamos e completamos um ao outro maravilhosamente. Sua abundante experiência e domínio acerca das coisas vivas, especialmente sobre os microrganismos, colocou carne nos ossos nus do meu esqueleto de Gaia. Nunca haverei de me esquecer do seu acolhimento quando cheguei à Universidade de Boston, direto do aeroporto, e o entusiasmo dela quando me falou sobre o caracol na Grã-Bretanha que vive em parte por meio de fotossíntese, como uma planta (Lovelock, 2001: 258, grifo nosso).

Lovelock e Margulis explicaram que, apesar da possibilidade real de que todas as reações químicas possíveis entre os gases atmosféricos pudessem ter ocorrido há um longo tempo e a atmosfera terrestre pudesse estar em um completo estado de equilíbrio químico, isso não acontece na Terra porque há um fluxo constante de matéria e energia entre a biota e o ambiente material do planeta. Esse processo seria a "assinatura" da presença da vida (Lovelock & Margulis, 1974b). O entendimento de que as atividades dos organismos vivos são a única explicação para a situação termodinamicamente improvável em nosso planeta levou Lovelock e Margulis (1974a) a fornecer a primeira definição da teoria Gaia: "a noção da biosfera como um sistema adaptativo de controle que pode manter a Terra em homeostase." Após sucessivos refinamentos, hoje a teoria Gaia não diz respeito apenas ao comportamento da biosfera, mas também à estreita e dinâmica interação da biota com os processos físico-químicos do ambiente planetário (ver, por exemplo, Lenton & Bloh, 2001; Lenton & van Oijen, 2002; Lenton, 2002; Lenton & Wilkinson, 2003; Lenton, Schellnhuber & Szathmáry, 2004).

Contudo, a noção de que a biosfera seria o único fator de modulação interna de parâmetros do sistema Terra – sejam abióticos (temperatura atmosférica, salinidade e pH dos oceanos, por exemplo) sejam bióticos (homeostase, homeorrese) – orientou de modo substancial o entendimento sobre quão estreitamente relacionados estão os grandes eventos da história geológica da Terra e a evolução dos sistemas e processos biológicos (ver, por exemplo: Lenton, Caldeira & Szathmáry, 2004). Há eventos históricos bem documentados na literatura acerca dessa coevolução vida-ambiente, mas, por razões de espaço, apenas serão citados aqui alguns dos mais importantes: (1) proliferação de cianobactérias há 2,4 bilhões de anos e formação da camada de ozônio, marcando a transição do Arqueano praticamente anaeróbio para o Proterozoico oxigenado (ver, por exemplo, Dismukes *et al.*, 2001); (2) diversificação dos mamíferos placentários no Eoceno, quando a concentração de oxigênio atingiu pico estável de 23%, em consequência da principal irradiação das diatomáceas (ver, por exemplo, Falkowski *et al.*, 2005); e (3) aquecimento global de 6 ºC na transição Permiano-Triássico via retroalimentação positiva entre o aumento súbito de CO_2 na atmosfera, decorrente de erupções vulcânicas em massa, e a liberação de mais CO_2 como produto da respiração de algas marinhas oceânicas (ver, por exemplo, Huey & Ward, 2005).

No que concerne ao primeiro evento histórico citado acima, o papel da biosfera na manutenção do estado químico peculiar encontrado na atmosfera pode ser apreciado se examinarmos o chamado "holocausto do oxigênio". A transição do Arqueano anaeróbico para o Proterozoico oxigenado pode ser considerado uma mudança do sistema Terra de um conjunto de estados homeostáticos para outro (Lovelock, 1990). As evidências sugerem que a composição da atmosfera terrestre já foi bem parecida com aquela das atmosferas de Marte e Vênus, com CO_2 predominando e O_2 quase ausente (Margulis & Sagan, 1986). Durante bilhões de anos, o O_2 se acumulou lentamente, visto que uma grande parte deste gás era absorvida por seres vivos, compostos metálicos, gases atmosféricos reduzidos e minerais. No entanto, há cerca de 2 bilhões de anos, provavelmente com o esgotamento dos reagentes passivos disponíveis e a proliferação de cianobactérias fotossintetizadoras, este gás começou a acumular-se rapidamente na atmosfera.

A concentração de O_2 passou de 0,0001% para 21%. Este aumento repentino na concentração de O_2 atmosférico resultou na morte de muitas bactérias anaeróbicas sensíveis à sua presença (sobrevivendo apenas aquelas que se isolaram nas camadas anaeróbicas do solo e do lodo), bem como na seleção de bactérias resistentes. Entre aquelas bactérias que podiam detoxificar oxigênio, algumas linhagens capazes de respiração aeróbica foram ainda mais favorecidas, por serem capazes de utilizar a reatividade do O_2 para obter mais energia livre dos nutrientes. Assim, o O_2, antes um gás venenoso para uma biosfera dominada por microrganismos anaeróbicos, se tornou indispensável para os novos organismos aeróbicos. O surgimento dos organismos fotossintetizadores modificou também a concentração de CO_2. Este gás, que inicialmente respondia por cerca de 95% da atmosfera terrestre, corresponde hoje a apenas 0,03%. A concentração de

O_2 na atmosfera em cerca de 21% tem sido mantida pelos organismos fotossintetizadores (principais responsáveis pela produção contínua de O_2) e aeróbicos (que consomem O_2). A manutenção deste gás num nível alto mas não excessivo é de suma importância para a biosfera. Se um aumento significativo na concentração de O_2 ocorresse, todos os seres vivos arderiam em chamas, enquanto que, se esta concentração diminuísse, os organismos aeróbicos começariam a asfixiar (Lovelock, 2000b).

É interessante que, ao longo do Proterozoico, o sistema vida-ambiente material manteve a Terra quente equilibrando a produção de CO_2 via respiração bacteriana, vulcanismo, intemperização de rochas, e consumo via deposição de $CaCO_3$ e fotossíntese, intensificada pela evolução das plantas vasculares. A remoção era mais intensa que a produção, mas esse *feedback* negativo regulou bem até o Devoniano, porque no Carbonífero o nível de O_2 chegou a 35% enquanto o de CO_2 diminuiu dramaticamente, levando ao resfriamento global (ver, por exemplo, Beerling *et al.*, 1998). Essas condições significaram uma pressão seletiva para muitas espécies animais e vegetais. A fotossíntese, por exemplo, ficou bastante comprometida, na medida em que o CO_2 é necessário para sua realização. As chamadas plantas C4 evoluíram provavelmente nesse período, pela vantagem seletiva de sua anatomia foliar que maximiza a captura e a concentração de CO_2 e apresenta metabolismo menos sensível a esse gás. Em suma, estamos conscientes de que tal compreensão dos processos biogeoquímicos das eras geológicas da Terra tanto pode ser refutada quanto corroborada como resultado de avanços teóricos ou empíricos na área; contudo, deve estar claro, a teoria Gaia não trata de entender as vias pelas quais os organismos vivos mantêm o sistema Terra em *constante* equilíbrio, mas sim de explicar como vida e ambiente material interagem, como o sistema Terra é regulado e *muda* para diferentes estados de equilíbrio, favoráveis ou não aos seres humanos e às muitas outras formas de vida, ao longo do tempo geológico.

Gaia: hipótese ou teoria?

Desde o princípio deste capítulo, deve ter sido possível perceber uma diferença importante entre o modo como Gaia foi tratada, sendo considerada sistematicamente como uma teoria, e a maneira usual como os demais cientistas se referem à proposta de Lovelock, em geral tratada como uma hipótese. É importante esclarecer este ponto, porque o emprego indiscriminado desses dois termos muitas vezes concorre para sustentar críticas gratuitas que buscam minar a legitimidade da pesquisa em torno de Gaia. Como foi discutido na introdução, este é um problema decorrente do fato de que nem sempre os cientistas têm clareza acerca dos conceitos epistemológicos que empregam em suas pesquisas, tais como "teoria", "lei", "modelo", "hipótese". Este é um bom exemplo: não há consenso na comunidade científica sobre qual seria o estatuto epistemológico de Gaia.

O próprio Lovelock se mostra prisioneiro de concepções epistemológicas inadequadas (ver, por exemplo, Lovelock, 1995). Desde 1986, quando introduziu o termo "geofisiologia" para designar uma ciência do sistema Terra, Lovelock decidiu referir-se a Gaia em seus estádios iniciais de desenvolvimento como uma "hipótese", reservando o termo "teoria" para as versões mais recentes desse construto (*ibidem*).

Esta parece ser uma estratégia de mudança de linguagem para levar a uma aceitação maior da teoria dentro da comunidade científica (Shwed & Bearman, 2010). A mudança não ocorre apenas nos trabalhos de Lovelock, mas também na comunidade de pesquisadores que se formou ao seu redor. No entanto, não tem sido fácil realizar essa mudança com coerência, e ainda predomina o uso indiscriminado dos dois termos. Isso porque não há nos trabalhos de Lovelock ou nos de seus colegas uma explicação que justifique claramente a mudança.

É uma justificativa difícil, uma vez que essa mudança de denominação está apoiada em uma visão equivocada acerca da natureza de hipóteses e teorias. Trata-se de uma visão simplista e hierárquica da relação entre conceitos epistemológicos, que prescreve uma ascensão indutiva do status de hipótese ao de teoria e, então, ao de lei, à medida que um construto é cada vez mais apoiado por evidências empíricas. Além disso, ela vem acompanhada por outra visão inadequada, a de que leis teriam um estatuto superior ao de teorias, que teriam, por sua vez, estatuto superior ao de hipóteses (Lederman *et al.*, 2002).

Essas ideias são inapropriadas. Teorias, leis e hipóteses são formas de conhecimento distintas e não se transformam umas nas outras. Teorias científicas são sistemas bem estabelecidos e internamente consistentes de afirmações sobre o mundo empírico relacionadas entre si de modo que sejam capazes de explicar (e, em muitos casos, prever) grandes conjuntos de observações aparentemente não relacionadas em um campo ou em vários campos da investigação (Suppe, 1977). Tipicamente, teorias científicas explicam fenômenos ou padrões observados na natureza mediante a elucidação de processos ou mecanismos responsáveis pela sua produção ou causação (van Fraassen, 1980). Por fim, teorias têm um papel central na produção de problemas de pesquisa e de hipóteses, bem como na orientação de investigações conduzidas pela comunidade científica, boa parte das quais buscam produzir evidências capazes de testar teorias, não direta, mas indiretamente (isso ocorre mediante a derivação de modelos e previsões testáveis contra evidências que possam ser coletadas no mundo natural).

Por sua vez, uma hipótese é uma tentativa de explicação para um fenômeno ou um padrão específico, que deve ser submetida a teste com base em previsões derivadas dela em um contexto empírico também específico. Uma hipótese é tipicamente subordinada a uma teoria. A impressão de ascensão indutiva pode ser decorrente do fato de que, na história da ciência, há casos em que explicações relativamente isoladas de fenômenos terminaram por ser abarcadas por uma teoria, o que não significa que a teoria é mera decorrência daquela hipótese (que teria se transformado nela).

De qualquer modo, esse não é o caso de Gaia, que já nasceu como um sistema de afirmações relacionadas entre si e que buscava dar conta de grandes conjuntos de observações aparentemente desconectadas, embora, à época de seu surgimento, ainda precisasse ser muito aperfeiçoada em relação à consistência interna e ao apoio empírico. Mas aí não há nenhuma novidade quando se trata de teorias nascentes.

Em nossa visão, Gaia deve ser tratada sistematicamente como teoria, e não como hipótese. Assim, procuramos usar sempre a expressão "teoria Gaia", restringindo o emprego de "hipótese Gaia" às citações de outros autores, como é o caso de Lovelock. Gaia é uma teoria sobre o funcionamento do sistema Terra com vida abundante, entendido como um sistema cibernético no qual o acoplamento dos organismos e de seu ambiente é tão forte que influenciou e influencia substancialmente a evolução das condições físico-químicas do planeta, com efeitos não apenas estabilizantes (homeostase ambiental), mas também desestabilizantes.

Deve-se reconhecer que, dessa perspectiva, a teoria Gaia tem desempenhado um papel importante na orientação de investigações acerca do sistema Terra. Parte desses estudos produziu evidências a seu favor (Tabela 1). Portanto, é possível dizer que Gaia tem exibido outra propriedade esperada de uma teoria científica: um poder heurístico, ou seja, um poder de orientar a pesquisa realizada por uma comunidade de investigadores.

Tabela 1. Novas previsões derivadas da teoria Gaia e seu estatuto epistemológico atual.

Previsões novas	Apoio empírico e/ou papel heurístico
Marte e Vênus são planetas sem vida, com base na análise de sua composição atmosférica, seguida de comparação com a atmosfera terrestre (Lovelock, 1965; Hitchcock & Lovelock, 1967).	Apoiada pelos resultados do envio da sonda Mariner a Marte pela NASA (décadas de 1960 e 1970) e da missão Viking (1975). Contudo, a possibilidade de que exista vida em Marte ainda tem sido objeto de pesquisa, em virtude, por exemplo, da presença de metano em concentração relativamente constante em sua atmosfera e da possível existência de aquíferos subterrâneos (Atreya et al., 2007). Caso a presença de metano nesse planeta seja atribuída à existência de seres vivos, e não a processos puramente geoquímicos, isso não fornecerá evidências contrárias; antes, apoiará Gaia.

(cont.)

Previsões novas	Apoio empírico e/ou papel heurístico
Proposta de que os organismos vivos influenciam profundamente o ambiente material, tendo construído as condições físico-químicas da Terra.	Amplamente confirmada. É hoje parte do conhecimento científico convencional.
Atribuição de funções a gases de origem biológica encontrados na atmosfera, como metano (CH_4), óxido nítrico (NO_2), amônia (NH_3) etc. (Lovelock & Lodge, 1972; Margulis & Lovelock, 1974).	Verificação da participação de compostos como, por exemplo, o metano, em mecanismos de regulação de variáveis do ambiente físico-químico, como a concentração de O_2 e a temperatura média global (Watson et al., 1978, 1980).
Participação dos gases sulfeto de dimetila (DMS), iodeto de metila (CH3I) e dimetil selênio (C_2H_6Se) na transferência em massa de elementos essenciais entre o mar e a terra (no caso do DMS, Lovelock et al., 1972).	Por exemplo, evidências a favor do papel central do DMS na transferência de enxofre dos oceanos para a terra (Lovelock et al., 1972).
Atribuição de um papel essencial aos microrganismos procarióticos nos mecanismos de regulação planetária (Margulis & Lovelock, 1974).	Por exemplo, manutenção dos níveis atmosféricos de O_2 por cianobactérias.
Proposição de compatibilidade entre Gaia e a teoria sintética da evolução, com base no desenvolvimento de modelos computacionais inspirados pelo "Mundo das Margaridas" (Watson & Lovelock, 1983).	Simulações computacionais mostrando como a evolução dos seres vivos pode ser entendida como estando acoplada à evolução do ambiente físico-químico. Muitos desses modelos conciliam Gaia e a teoria sintética (Lenton & Lovelock, 2000, 2001).
O envolvimento de organismos nos processos de intemperismo contribui para a regulação do clima por meio do aumento da taxa de desgaste das rochas (Schwartzman & Volk, 1989; Lovelock, 2003).	Há evidências que mostram o papel de microrganismos no aumento da taxa de desgaste das rochas (Lovelock, 2003).

(cont.)

Previsões novas	Apoio empírico e/ou papel heurístico
Florestas boreais regulam seu clima regional do mesmo modo que o "Mundo das Margaridas" (Lovelock, 2003).	Atualmente, o conhecimento decorrente dessa previsão feita em 1988 é importante para a elaboração de modelos sobre o clima global (Lovelock, 2003).
No Arqueano, a composição química da atmosfera terrestre era dominada pelo metano (Lovelock, 2003).	Esta hipótese ainda está em teste, mas apresenta forte tendência de ser aceita.
A concentração de oxigênio se manteve em 21± 5% durante os últimos 200 milhões de anos (Lovelock & Lodge, 1972).	Esta hipótese está em teste.

Fluxos em um sistema de acoplamento biota-ambiente material: essa ideia pertence a Lovelock?

É interessante perceber que as duas teses mais conhecidas da teoria Gaia, a controversa noção do planeta como um superorganismo dotado de objetivos e a proposta da geofisiologia como ciência que explica a atividade modeladora da vida sobre o ambiente físico-químico da Terra em escala global, são próximas de ideias encontradas nas obras de dois cientistas influentes: a primeira, nos escritos do geólogo escocês James Hutton (1726-1797); a segunda, na obra do importante geoquímico russo-ucraniano Vladimir Ivanovich Vernadsky (1863-1945).

O próprio Lovelock comenta que uma das inspirações para a ideia do planeta como um superorganismo veio do trabalho de Hutton. Como no caso de Lovelock, o geólogo escocês também derivou essa ideia de uma analogia entre o funcionamento dos seres vivos e o do planeta Terra. Hutton usava uma analogia entre a circulação do sangue em organismos e a circulação das águas no planeta; pensava que a fisiologia deveria ser a ciência adequada para o estudo dos processos geológicos. A obra em que o autor defende tal compreensão, *Theory of the Earth* [Teoria da Terra], é vasta e hoje é encontrada em quatro volumes. A analogia mencionada acima figura no segundo volume:

> Aqui está um sistema composto de coisas, formando juntas todo um mundo vivo; um mundo que mantém uma diversidade quase infinita de plantas e animais, pela disposição de suas várias partes, e pela circulação dos diferentes tipos de matéria. Agora, estamos a examinar nela a consequência necessária dessa disposição de coisas, onde a matéria deste mundo ativo é eternamente movida, e esta circulação saudável por meio da qual o fornecimento é tão sabiamente feito para o crescimento e a prosperidade das plantas, e para a vida e o conforto de seus diversos animais (Hutton, 2006: 188).

Há semelhanças claras entre essa analogia e os argumentos de Lovelock, sobretudo nas primeiras formulações da teoria Gaia, como, por exemplo, neste trecho de um artigo com a filósofa Dian Hitchcock, de 1967:

> [...] um estado ecológico constante é estabelecido sobre todo o planeta, no qual a superfície e a atmosfera são moldadas e modificadas para condições que são ótimas para a manutenção de todo o conjunto de criaturas vivas. Assim como um animal é um conjunto cooperativo de células vivas, também um planeta pode ser considerado como uma entidade viva compreendendo um conjunto cooperativo de espécies (Lovelock & Hitchcock, 1967: 57).

Entretanto, a ideia de superorganismo não pode ter sua criação atribuída a Hutton, visto que estava presente em pensadores anteriores – por exemplo, no *Timeu*, de Platão (Platão, 1977), obra na qual o filósofo adota uma concepção do universo como um superorganismo. Sempre produzindo controvérsia, ao longo da história a ideia tem sido aplicada a sistemas com diferentes níveis de organização, incluindo colmeias e formigueiros, ecossistemas e mesmo o planeta e o universo como um todo. Assim, sua presença na teoria Gaia – a partir da influência de Hutton sobre Lovelock – é apenas mais uma ocorrência de uma ideia que tem permanecido viva por muito tempo no imaginário humano.

A relação entre a teoria Gaia e a teoria de Vernadsky é muito mais complicada. Lovelock afirma que, quando formulou sua concepção sobre Gaia pela primeira vez, não conhecia as ideias de Vernadsky e de Hutton. Conhecia, no entanto, as ideias de G. E. Hutchinson, um eminente ecólogo do século XX (Lovelock, 1995: 8), e, uma vez que Hutchinson era um grande apoiador e divulgador das ideias de Vernadsky no Ocidente, é possível que a herança vernadskyana tenha alcançado Lovelock por intermédio daquele ecólogo. Acerca do conceito de biosfera, tão relevante também na teoria Gaia, Vernadsky afirma:

> A biosfera é caracterizada como o domínio da vida, mas também, e mais fundamentalmente, como a região onde as mudanças decorrentes da entrada de radiação podem ocorrer. Dentro da biosfera, a matéria é significativamente heterogênea e pode ser identificada como matéria inerte ou matéria viva. A matéria inerte predomina enormemente em massa e volume.

> Existe uma migração contínua de átomos da matéria inerte para a matéria viva e vice-versa. Todos os objetos de estudo na biosfera são reconhecidos como os corpos naturais da biosfera. Eles podem ser de variadas complexidades, inerte, viva, ou muito inerte (big-inert), como no caso do solo ou da água do lago (Vernadsky, 1999: 35).

Ao reconhecermos essa influência sobre as concepções de Lovelock, não estamos dizendo que a teoria Gaia carece de originalidade. Parece-nos que Gaia é uma teoria genuína. Este estudo se opõe firmemente à acusação de que ela poderia ser considerada um plágio da teoria da biosfera de Vernadsky, como argumentam os historiadores da ciência George S. Levit e Wolfgang E. Krumbein. Notando semelhanças entre Vernadsky e Lovelock, Levit e Krumbein insistem em seus artigos (ver, por exemplo, Levit, 2011) na afirmação de que há "ausência de novidade da teoria Gaia, de J. Lovelock, em relação à teoria da biosfera, de V. Vernadsky" (Levit & Krumbein, 2000: 133).

Contudo, parece-nos que Levit e Krumbein perdem de vista alguns pontos importantes. De fato, é preciso reconhecer que já nas primeiras décadas do século XX Vernadsky defendeu uma posição original e sofisticada sobre o papel da vida e das sociedades humanas na transformação do ambiente físico-químico, sendo que tal visão era negligenciada no Ocidente. Ele foi capaz de propor previsões teóricas, inclusive apontando, por vezes, como elas poderiam ser testadas. É importante observar que ele não tinha meios para testar suas ideias, sobretudo por causa do desenvolvimento tecnológico e metodológico necessário para o estudo das camadas interiores da Terra, da atmosfera e das relações complexas entre os organismos e o ambiente físico-químico, que ainda era mínimo.

Mas, de outra parte, é necessário notar que também há diferenças marcantes entre as teorias desenvolvidas por Vernadsky e Lovelock, inclusive por conta de suas inserções em contextos socio-históricos e epistemológicos distintos, como algumas vezes reconhecem os próprios Levit e Krumbein. Para desenvolver sua teoria, Lovelock se valeu de aportes teóricos advindos da cibernética, bem como da exploração espacial e da busca de vida extraterrestre (Lovelock, 2000b). Tais referenciais simplesmente não existiam ou ainda estavam em estádio muito inicial de desenvolvimento na época de Vernadsky, como é o caso da cibernética, que sofreu uma ressignificação profunda na década de 1940, a partir da abordagem do matemático norte-americano Norbert Wiener (1948) – portanto, após a morte de Vernadsky. Desse modo, Lovelock e seus colaboradores puderam capturar de modo mais preciso a ideia da influência modeladora da vida, encontrada em Vernadsky, dando-lhe bases teóricas e empíricas mais sólidas e, em alguns casos, uma formalização matemática – como, por exemplo, no modelo do Mundo das Margaridas, *Daisyworld*[4] (Lovelock & Watson, 1983).

---

[4] Trata-se do modelo de um planeta que Lovelock e Watson desenvolveram em resposta à crítica de que seria um postulado da teoria Gaia a afirmação de que a biota ou a biosfera altera intencionalmente as variáveis ambientais, criando condições ótimas para a sua própria sobrevivência e reprodução. Nesse modelo matemático biologicamente inspirado, é possível concluir que, a partir de interações envolvendo duas populações de margaridas (uma população de margaridas brancas e outra de margaridas pretas) e parâmetros ambientais relevantes (albedo, temperatura global, luminosidade), são possíveis processos de retroalimentação negativa e positiva, e o efeito combinado desses processos é a autorregulação do sistema, que se torna habitável para as formas de vida em questão. Esse modelo de equações diferenciais

Portanto, a teoria de Lovelock ultrapassa a compreensão de Vernadsky e não pode ser considerada um plágio da teoria da biosfera. Além do modelo do mundo das margaridas, outro exemplo da originalidade de Gaia está na hipótese CLAW, como veremos no tópico "Como as algas (e outros organismos marinhos) constroem nuvens?".

O que dificultou a aceitação da teoria Gaia?

A despeito do fato de a teoria Gaia ter levado a importantes previsões testáveis, como é destacado na Tabela 1, e de ganhar aceitação crescente da comunidade científica (tendo sido, inclusive, tema central de encontros científicos), não é raro que seu conteúdo principal seja desconhecido por muitos cientistas. Temos defendido como conteúdo científico com papel mais relevante na teoria Gaia a tese de evolução acoplada da biota e do ambiente físico-químico da Terra, que

---

acopladas mostrou-se consistente com o mecanismo de seleção natural, e, posteriormente, outros autores, sejam comprometidos com a teoria Gaia (ver, por exemplo, Lenton, 1998; Lenton & van Oijen, 2002) ou não (ver, por exemplo, Zeng et al., 1990; De Gregorio et al., 1992), introduziram diversas modificações nos parâmetros, gerando o entendimento atualmente bem aceito de que, exceto em situações ambientais pouco prováveis no mundo real, predomina a estabilidade no sistema vida-ambiente material. Embora não seja possível detalhar aqui o funcionamento deste modelo, pode-se dizer rapidamente que, no início desse planeta imaginário, com a baixa luminosidade da estrela ao redor do qual ele orbita, nascem poucas margaridas brancas e pretas. Mas, depois, o aumento da luminosidade favorece o crescimento das margaridas pretas, uma vez que elas possuem maior capacidade de absorção de energia térmica, e, por isso, conseguem aproveitar melhor a energia da estrela que chega ao planeta, alcançando maior abundância. O resultado disso é que, como impedem que a energia térmica seja refletida para o espaço, o planeta se torna mais quente, situação que passa a favorecer o crescimento das margaridas brancas, que refletem mais energia térmica para o espaço e, logo, contribuem para amenizar a temperatura do planeta. O sistema modelado, desse modo, se mantém mais estabilizado do que desestabilizado até que a estrela atinge o estado de gigante vermelha e queima todas as margaridas em sua superfície.

ocorre por meio de mecanismos de retroalimentação biologicamente regulados, o que coloca a ideia de Terra viva em posição secundária. E não estamos sozinhos nesta defesa: muitos cientistas que têm pesquisado a teoria Gaia raramente empregam a ideia de que a Terra é viva, se é que o fazem (Wilkinson, 1999; Kleidon, 2002; Lenton & van Oijen, 2002), e alguns chegam mesmo a criticá-la. A própria Margulis, uma das principais colaboradoras de Lovelock na construção da teoria, comentou há alguns anos: "Eu rejeito a afirmação de Jim 'A Terra é viva'; [...] Eu não concordo com a formulação que diz 'Gaia é um organismo'" (Margulis, 1996: 54).

David Wilkinson (1999), pesquisador da CST, comenta que, embora presente em muitos escritos de Lovelock, a formulação de Gaia como uma teoria que defende que a Terra é um sistema vivo, no qual os organismos agem para tornar o ambiente propício à sua própria sobrevivência, não é apoiada por muitos cientistas que trabalham à luz da teoria Gaia. Este nos parece um caso de negociação de resultados e de campanha para enfraquecer teses associadas por Lovelock à teoria, como meio de produzir maior aceitação em torno de Gaia (Shwed & Bearman, 2010).

Wilkinson e o físico, matemático e meteorologista Axel Kleidon (2002) são pesquisadores envolvidos no desenvolvimento da teoria e estão negociando com Lovelock a matização da tese que defende que a Terra é um superorganismo otimizador. Ao mesmo tempo, respondem a críticas do físico e filósofo James Kirchner (2002). Na visão de Wilkinson, a compreensão mais aceita da teoria entre os cientistas atribui à vida um efeito regulatório significativo sobre o ambiente global (mais estabilizante do que desestabilizante), por meio de alças de retroalimentação que constituem o sistema cibernético descrito anteriormente. Dessa perspectiva, devem ser evitadas as ideias de superorganismo e de uma otimização das condições físico-químicas do planeta. Como resumem Timothy Lenton e Marcel van Oijen (2002), a teoria Gaia trata de um sistema cibernético que é:

> [...] um sistema termodinamicamente aberto na superfície da Terra incluindo a vida (a biota), a atmosfera, a hidrosfera (oceano, gelo, água doce), matéria orgânica morta, solos, sedimentos e aquela parte da litosfera (crosta) que interage com os processos de superfície (incluindo rochas sedimentares e rochas sujeitas a intemperismo) (Lenton & van Oijen, 2002: 684).

Embora para muitos cientistas a ideia de um sistema cibernético envolvendo a biota e o ambiente físico-químico em coevolução seja o enunciado original da teoria Gaia, outras afirmações do próprio Lovelock, como a de que a Terra seria um sistema vivo, têm merecido mais atenção de livros didáticos, da mídia, de textos de divulgação científica e mesmo de artigos científicos (Carmo, Nunes-Neto & El-Hani, 2009). Então, não é raro que alguns cientistas temam o envolvimento com Lovelock. Boa parte dessa rejeição se deve ao nome da teoria, à afirmação de que a Terra pode ser considerada viva e ao modo como ele se posiciona frente a questões ambientais – por exemplo, defendendo o uso da energia nuclear (ver, por exemplo, Lovelock, 2006, 2009).

James Gillon (atualmente editor associado da *Nature*) exemplifica essa preocupação dos cientistas quanto à associação de seus nomes ao de Lovelock com um fato ocorrido há anos. Em junho de 2000, a Universidade de Valência,

Espanha, em seu aniversário de 105 anos, recebeu a 2nd *Chapman Conference on Gaia Hypothesis* [Segunda Conferência Chapman sobre a Hipótese Gaia]. O processo de arbitragem produziu uma situação embaraçosa, quando um artigo chamou a atenção do parecerista que o tinha em mãos: um participante incluíra o termo "Gaia" no título. Curiosamente, apesar de estar trabalhando para uma conferência sobre a teoria Gaia, esse ato pareceu ao parecerista um sinal de inocência daquele autor. O autor do artigo foi então avisado com todas as letras para que desistisse da publicação do artigo com o nome "Gaia", porque isto poderia prejudicar seriamente sua carreira científica (Gillon, 2000).

Outro exemplo de como a falta de reconhecimento de seu conteúdo central leva críticas à teoria Gaia é o que ocorreu em 1987, durante a tradicional Conferência de Dahlem, em Berlim. A Conferência de Dahlem contou com a presença de Lovelock, que estava ali para discutir a hipótese, publicada em *Nature*, de um mecanismo de retroalimentação negativa no qual algas planctônicas exercem influência no clima global pela síntese e exsudação de um composto de enxofre – a hipótese CLAW, ver tópico "Como as algas (e outros organismos marinhos) constroem nuvens?". Contudo, muitos cientistas estranhavam que tal hipótese tivesse sido produzida com a colaboração de Lovelock e, principalmente, que fosse derivada da teoria Gaia.

Essa estranheza não passou despercebida: antes mesmo do início das discussões sobre mudanças climáticas, já havia adquirido boa expressão. Ao caminhar entre os cientistas reunidos para a conferência, Lovelock foi interpelado e questionado por um participante sobre qual teria sido o ponto específico da teoria Gaia que cumprira papel importante na hipótese das algas oceânicas. Lovelock se dispôs a explicar tanto a teoria Gaia quanto a hipótese CLAW, mas não teve tempo para tanto. Ao se dar conta do conteúdo da conversa entre os dois, outro participante logo se apressou a repreendê-los, alertando-os para o respeito ao ambiente científico: "Meus senhores, estamos aqui para discutir ciência séria, não conto de fadas sobre uma deusa grega" (Lovelock, 2004: 1).

São críticas que se devem a descuidos de Lovelock e Margulis com a mistura de teses científicas com afirmações controversas – como a de que a Terra é viva, repetidamente enunciada por Lovelock, ou a de que microrganismos do Reino Protista são dotados de consciência, como uma vez Lynn Margulis comentou com um jornalista (ver Mann, 1991). Essas ideias, que Lovelock e Margulis consideravam tratar-se de meros adornos que utilizavam para provocar seus pares (Lovelock, 1991), adquiriram dimensão maior do que a esperada e causaram um efeito muito nocivo para a aceitação da teoria Gaia, seja entre cientistas, seja entre leitores não-especializados.

De fato, quando Margulis começou a colaborar com Lovelock em 1974, ela consolidou também a legião de detratores de seus próprios trabalhos, além daqueles já conquistados após a defesa, em 1965, de sua tese de doutoramento (com a proposta da teoria de endossimbiose serial). A anuência de Margulis à teoria Gaia prejudicou sua credibilidade e as ideias que defendia. Referir-se a ela de modo caricatural tornou-se prática comum, como se pode ler no título de uma reportagem da *Science* dedicada a seu perfil: *Lynn Margulis: Science's Unruly Earth Mother* [Lynn Margulis: rebelde mãe Terra da ciência].

Nas primeiras linhas dessa reportagem, lê-se a respeito da bióloga: "As luzes se apagam; *slides* acendem na tela. E Lynn Margulis [...] começa a fazer o que ela vem fazendo por mais de 20 anos – divertir, irritar e iluminar seus colegas." E, em tom jocoso, continua: "A mistura única de Margulis de 'fantasia' com ideias de 'importância enorme' fascina e exaspera seus pares. Tendo ganhado a aceitação por seu trabalho sobre a origem das células eucarióticas, ela parece inclinada a assumir qualquer vaca sagrada" (Mann, 1991: 378). Esse tratamento indignou Lovelock e ele reagiu publicando, no mesmo volume em que saiu essa reportagem, a carta *Toujours Gaia* [Sempre Gaia]:

> O artigo de Charles Mann "Lynn Margulis: rebelde mãe Terra da ciência" (Research News, 19 de Abril, p. 378) foi um escrito muito divertido e picante, um exemplo da nova escola Kitty Kelley de jornalismo científico. O que o fez incomum foi que a vítima da blasfêmia e do desdém não foi uma figura pública, ou um humorista, mas uma cientista praticante. Lynn Margulis está entre as mais eminentes biólogas vivas, uma cientista de estatura superior àqueles selecionados para denunciá-la. Ela é a colaboradora mais leal que conheci em 50 anos de pesquisa científica, e a mais incisiva de minhas críticas. Eu sinto uma sensação de indignação quando ataques à sua reputação são feitos porque ela, quase sozinha entre os biólogos, escolheu colaborar comigo e compartilhar minha visão da teoria Gaia como simplesmente uma peça de ciência dura disponível para testes (Lovelock, 1991: 1472).

A colaboração com Lovelock dificultou sobremaneira a tentativa de Margulis de conseguir mais adeptos para sua teoria da endossimbiose serial, segundo a qual as células eucarióticas são o resultado evolutivo de uma série de eventos de integração simbiogenética de genomas e estruturas celulares de arqueobactérias anaeróbicas, bactérias aeróbicas e bactérias fotossintetizantes. A teoria da endossimbiose serial também foi mal recebida pela comunidade científica, que resistiu a considerar as evidências reunidas por Margulis a seu favor. O argumento principal para essa recusa se concentrou no entendimento de que a teoria da endossimbiose, mais do que incompatível com a teoria darwiniana aceita, também a contrariava, porque defendia, em vez da ramificação, a fusão de espécies como a força principal da evolução biológica. Hoje, sabe-se que os dois fenômenos ocorrem, mas, como diz Ernst Mayr, um dos biólogos evolucionistas que contribuiu intensamente para a teoria sintética da evolução no século XX, a simbiose como uma fonte de mudança evolutiva continua surpreendentemente ausente em todos os principais tratados e histórias sobre biologia evolutiva (Mayr, 1982).

Suspeitas sobre Lovelock e Gaia permanecem na comunidade científica atual. E há razões para isso. É fato que, nos primeiros estádios do desenvolvimento da teoria, Lovelock contribuiu para que houvesse interpretações místicas a seu respeito, como no caso da metáfora animista da Terra viva. Na década de 1970, isso ensejou um uso da teoria Gaia por grupos espiritualistas e ambientalistas que não somente se afastou da compreensão científica da teoria, mas pareceu, para alguns, também dar voz à anticiência (Postgate, 1988: 60). A teoria Gaia acabou transformada em parte integrante da chamada "filosofia da nova era" (Sahtouris, 2000). Um bom exemplo para que se entenda em que medida Lovelock se tornou um "guru" de movimentos verdes e espiritualistas é a forte apropriação que a zen-budista Joan Halifax faz de Lovelock no ensaio *The Third Body: Buddhism, Shamanism, and Deep Ecology* [O terceiro corpo: budismo, xamanismo e ecologia profunda]:

> Um número crescente de biólogos e ecólogos têm aderido ao conceito de que a Terra, e tudo que está nela, é um sistema vivo, inter-relacionado. Mas isso há muito foi entendido por povos tribais aos seus próprios modos. Essa visão se tornou disponível a partir de James Lovelock em sua "hipótese Gaia". [...] Lovelock segue dizendo [...] que o estado da vida "tem até agora resistido a todas as tentativas de uma definição física" formal. Para culturas tribais, [...] a Terra e suas formas de vida e sistemas, incluindo as montanhas e rios, salmão e cedro, vento e tempestade, são experimentadas não apenas como vivas, mas também sensíveis, um grande Ser com o qual podemos comunicar e trocar energia (Halifax, 1990: 22-23).

Sendo em parte responsável por essa apropriação da teoria, tanto por ter aceitado chamá-la de "Gaia" quanto por dar destaque a ideias como a da Terra viva, Lovelock nada pôde fazer para se opor. Restou-lhe lamentar-se, em 1990, sobre o prejuízo resultante do fato de sua teoria ter sido colocada lado a lado com a "filosofia da nova era" (Lovelock, 1990). Esse lamento, embora pudesse ter o efeito de abrandar seus críticos, não passou de um ato de acalento a si próprio, e até 1995 a teoria Gaia não encontrou espaço nos periódicos científicos, exceto para ser execrada. Essa é uma situação que Lovelock analisa em 2000, no novo prefácio de seu primeiro livro, *Gaia: A New Look at Life on Earth*, e surpreende ao manifestar abertamente seu sentimento de reconciliação com seus colegas cientistas:

> A maioria dos críticos de Gaia provém dos cientistas que leram a primeira edição deste livro. [...] Os críticos levam sua ciência a sério e, para eles, a mera associação com mito e romantismo a fizeram ciência de má qualidade. Minha retratação era tão pouco útil como é para um dependente de nicotina a advertência sobre saúde pública nos maços de cigarros. A força de suas objeções retardou o desenvolvimento natural da teoria Gaia. Até 1995 era quase impossível para um cientista em qualquer parte publicar um artigo sobre Gaia, a menos que fosse para refutá-la ou desacreditá-la. Infelizmente para mim, o caminho a seguir se divide em uma bifurcação cruel. Para estabelecer Gaia como um fato, devo tomar a primeira via, aquela da ciência. Como um guia sobre a melhor forma de viver com a Terra, ela somente será considerada se vier com o suporte da maior parte da comunidade científica – políticos e agências governamentais não se atrevem a agir com base em mito (Lovelock, 2000a: 10-11).

No ano de 2000, ocorreu uma virada histórica importante no tratamento da teoria Gaia por James Lovelock. Para além do texto desse novo prefácio, contribuíram para essa virada os termos de Lovelock em uma entrevista publicada em agosto de 2000, em *Geographical*, periódico científico da *Royal Geographical Society* [Real Sociedade Geográfica, de Londres]. Durante toda a entrevista, ainda predomina a afirmação de que a Terra é um ser vivo, mas, a partir desse momento, quase sempre acompanhada pela justificativa explícita de que se trata de uma metáfora. Contudo, como há na linguagem científica muitas metáforas, várias das quais cumprem papel importante, o problema não reside no fato de essa afirmação ser ou não uma metáfora, mas sim em quais são as consequências dessa metáfora para a compreensão e o desenvolvimento da teoria. Sintomaticamente, Lovelock também reconhece que a afirmação de que a Terra se comporta como um animal vivo o envolveu em um terreno bastante controverso (Spowers, 2000).

Na prática, uma mudança notável pode ser assinalada quando os títulos de seus trabalhos antes deste ponto de referência são comparados com os de artigos mais recentes. Em síntese, nota-se a proposição de que a Terra é um sistema vivo no título de quatro textos: no artigo *Gaia: The World as a Living Organism* (Lovelock, 1986a) [Gaia: O mundo como um organismo vivo]; no livro *As eras de Gaia: uma biografia da nossa Terra viva* (Lovelock, 1995); no capítulo *A Terra como um organismo vivo* (Lovelock, 1997a); e no artigo *The Living Earth* (Lovelock, 2003) [A Terra viva]. No entanto, com exceção apenas deste último artigo, após o ano de 2000 o título deixou de ser o espaço preferencial para essa afirmação controversa, que passou a aparecer espalhada em parágrafos sem associação com os argumentos principais.

Essa mudança de posição favoreceu a teoria Gaia, que começou a merecer maior atenção e aceitação da comunidade científica, sobretudo quando a ênfase recai sobre seu conteúdo principal (Lenton, 2002). Nesse cenário, um motivo relevante para a teoria ainda receber críticas é o seu nome. Lovelock se regozija pela escolha do termo “Gaia”, por indicação de seu vizinho William Golding. Entretanto, não há dúvida de que a importação dos simbolismos e das metáforas associados a esse nome complicou enormemente a compreensão da teoria – símbolos que fascinaram, por exemplo, o autor de *Lord of the Flies* [O senhor das moscas], laureado com o Prêmio Nobel em 1983. Então, é legítima a pergunta: se, desde 1972, quando foi utilizado pela primeira vez para nomear a teoria, o termo "Gaia" foi mal recebido pela comunidade científica, não seria hora de buscar uma denominação menos onerosa? Ou seja, tendo ele mesmo aceitado a observação da semioticista Myrdene Anderson, de acordo com a qual "Gaia" é um signo vazio com capacidade quase infinita de significação (Lovelock, 1990), diminuir a frequência de seu uso não seria uma posição mais apropriada? Supõe-se que Lovelock responderia: "Absolutamente não!"

Para Lovelock, Gaia não é apenas um nome para sua teoria, mas uma marca de sua posição firme de descontentamento com a prática fortemente disciplinar na ciência. Ele considera este um problema sério, cujo diagnóstico é a identificação de cientistas que são muitas vezes incapazes de pensar questões e relacionar teorias para além de seus territórios de atuação. Essa crítica está presente na maioria de seus textos (Lovelock, 1995; Lovelock, 2000b), a exemplo de seu livro mais recente, *The Vanishing Face of Gaia: A Final Warning* [A face oculta de Gaia: um último aviso]. Nesse livro, que obteve notável repercussão no Brasil, sob o título *Gaia: alerta final*, Lovelock (2009) retoma o argumento de que a herança mais valiosa da teoria Gaia é a produção de um campo interdisciplinar de pesquisas sobre o sistema Terra: o campo da "geofisiologia". Essa é uma proposta inovadora que ele discutiu pela primeira vez em 1986 e que no Brasil chamou a atenção no livro *The Geophysiology of Amazonia: Vegetation and Climate Interactions* [Geofisiologia da Amazônia: interações da vegetação e do clima] (Lovelock, 1987). A defesa desse novo campo de pesquisas desemboca em sua crítica aos limites de uma ciência apenas disciplinar:

> Cientistas, você sabe, prefeririam continuar fazendo aquilo em que se especializaram – sua rotina comum – a voltar e assumir a tarefa quase impossível de aprender pelo menos outros dois ramos importantes da ciência. Não seria tão ruim se houvesse mais profissionais generalistas para servir de intérpretes entre eles (Lovelock, 2009).

Lovelock não defende sem uma razão clara a tese de que devemos rumar para projetos de pesquisas interdisciplinares; ao contrário, é uma expressão genuína de sua formação científica, que, desde meados do século XX, já era caracterizada pelo cruzamento de fronteiras disciplinares. No Reino Unido, onde nasceu, obteve seu bacharelado em química na Universidade de Manchester, em 1941, e ampliou sua formação com o doutorado em medicina na respeitada Escola de Higiene e Medicina Tropical de Londres, em 1947. Em seguida, avançou em investigações no campo da biofísica na Universidade de Londres, tendo recebido, em 1959, título de doutorado também nesta área. É coerente com essa formação interdisciplinar o registro de mais de duzentos artigos científicos em seu currículo, nas mais diversas áreas, como medicina, biologia, ciências atmosféricas, bem como a existência de quarenta patentes de instrumentos científicos em seu nome. Por exemplo, o forno de micro-ondas que hoje temos em nossos lares é um produto desenvolvido a partir de um protótipo concebido por Lovelock aos 25 anos de idade, quando estudava com biólogos o processo de reanimação de camundongos de laboratório congelados (Day & McNeil, 1996; Morris, 2002; Lovelock, 2012).

O principal ponto sobre o qual se apoiou todo o movimento ambientalista iniciado nos anos 1970, que são os dados sobre o acúmulo de resíduos de pesticidas e compostos halógenos como os CFCs (clorofluorcarbonos) na atmosfera, também se deve a outra invenção de Lovelock. Trata-se do aparelho detector por captura de elétrons (DCE), desenvolvido em colaboração com o químico e biólogo norte-americano Seymour Richard Lipsky quando eles trabalhavam juntos na NASA, na década de 1960 (ver Lovelock & Lipsky, 1960). Parece-nos importante dizer tudo isso aqui porque, no afã de detratá-lo como proponente da teoria Gaia, muitas vezes não se reconhece a diversidade de suas contribuições significativas à ciência, à tecnologia e à sociedade (Figura 1).

Parece-nos que a mudança de postura observada em Lovelock desde os anos 2000 exprime uma estratégia desse autor para marcar dois discursos diferentes a respeito da teoria Gaia: primeiramente, um discurso denso, desde uma perspectiva essencialmente científica, pautando-se em ideias como as de causalidade, de mecanismos cibernéticos de controle, etc., que ele veicula em artigos em periódicos científicos; em segundo lugar, um discurso mais poético e metafórico, encontrado em suas entrevistas e escritos mais populares e focado em mitos como o da mãe Terra. Ao realizar esses dois discursos, é provável que Lovelock tenha construído, em paralelo, duas variantes da teoria Gaia: uma elaborada em periódicos científicos e direcionada a seus pares; outra, apresentada em livros, artigos em jornais e revistas, e dirigida aos leitores em geral. Mas quais são as consequências disso?

Figura 1. Dr. James Lovelock em seu laboratório, em maio de 2011, com um aparelho de cromatografia gasosa (marca HP, empresa em que foi consultor) da década de 1980, tipo de instrumento que ele ajudou a desenvolver em colaboração com Seymour ('Sandy') Richard Lipsky e outros cientistas entre as décadas de 1950 e 1960. Com essa técnica, Lovelock pôde realizar estudos em química atmosférica e apoiar empiricamente o efeito das atividades dos organismos vivos no estado notável de desequilíbrio termodinâmico da atmosfera terrestre, em comparação com a de outros planetas. Além disso, também com Richard Lipsky, Lovelock foi bem-sucedido em entender a abordagem teórica envolvida no funcionamento desse aparelho, e juntos foram capazes de desenvolver o importante detector por captura de elétrons (DCE). Em 2012, Lovelock e sua esposa se mudaram para outra residência, conveniente para um casal com mais de noventa anos de idade, e o laboratório foi desmontado. Hoje, parte dos conteúdos do laboratório está no Museu de Ciência de Londres. Foto gentilmente cedida pelo dr. David M. Wilkinson (Liverpool John Moores University).

O problema com essa divisão consiste no fato de que, durante muito tempo, a maioria dos leitores que teve contato com a teoria Gaia a conheceu na forma de espetáculo – quer com base na ideia controversa de que o planeta Terra é vivo, quer a partir de ideias chocantes como a de que a humanidade ultrapassou o ponto de inflexão da mudança climática. Assim, as credenciais que a qualificam como teoria científica quase sempre chegam com o aviso de que provêm de um cientista que acredita em um superorganismo vivo. Essa afirmação, que, segundo o próprio Lovelock, não deveria passar de um enfeite (Lovelock, 1995: 3), tornou-se o único ponto de vista a seu respeito, ocasionando as maiores dificuldades em sua carreira científica. Além disso, essa conjuntura desfigurou a teoria Gaia, levando a comunidade científica a confundir seu conteúdo original com ideias animísticas. O caminho pelo qual seguiu Lovelock ao tratar a teoria Gaia com menos rigor conceitual nos textos de divulgação e frente à mídia e, assim, angariar mais audiência, foi infeliz. Como diz o filósofo francês Michel de Montaigne, no ensaio *On Experience* [Sobre a experiência], "as palavras pertencem metade a quem fala, metade a quem ouve" (Montaigne, 1991: 1235). Isso parece ter ocorrido com as palavras de Lovelock.

Em que sentido a Terra pode ser viva?

Nos tópicos anteriores, Gaia foi apresentada como uma teoria que explica como a biota e o ambiente físico-químico da Terra evoluíram juntos de modo a produzir um sistema de controle adaptativo, por intermédio de mecanismos de retroalimentação (*feedback*) positiva e negativa parcialmente regulados pelos organismos. Mas essa é uma afirmação muito longa, talvez difícil de ser compreendida. Haveria algum problema, então, em resumir essas informações na afirmação de que a Terra é viva, só para simplificar? Infelizmente, sim! O motivo é simples e reside nas dificuldades de se definir o conceito de vida e, mais do que isso, de tornar a qualificação do planeta Terra como ser vivo compatível com os diferentes conceitos de vida disponíveis na biologia (Lima-Tavares & El-Hani, 2001).

Por exemplo, à luz da biologia evolutiva, uma exigência fundamental do conceito de vida é que o sistema em questão (por exemplo, um organismo, um formigueiro, a Terra) possua uma identidade genética e evolua não apenas como indivíduo, mas como parte de uma população, por meio de seleção natural. A Terra é única em todo o universo, não há uma população de sistemas Terra. E, mesmo que houvesse um conjunto de "Terras" no universo, a relação entre elas seria algo imensamente distante das relações que os organismos estabelecem entre si em uma população biológica, ou mesmo das relações entre populações distintas, da mesma espécie ou de espécies diferentes. Isso já cria uma primeira dificuldade para se considerar a Terra viva da perspectiva da biologia evolutiva.

Mas, para fins do argumento, retiremos o peso dessa exigência e aceitemos que a Terra evolui como uma entidade individual, uma vez que sofre constantes mudanças no processo de ajuste de sua homeostase; assim, seria possível dizer que a Terra autoevolui, sendo essa uma evolução transformacional, diferente da evolução variacional dos demais organismos, nos quais são as populações que eles formam que evoluem, e não cada organismo individualmente (Lenton, 1998). Essa modificação na compreensão do que seria a evolução da Terra dá suporte teórico para a defesa de que ela seja um superorganismo, mas há outro fato perturbador: a Terra não tem capacidade de reproduzir-se, sendo difícil, de um ponto de vista darwinista, atribuir vida a uma entidade que não somente não possui as propriedades de variação e de evolução por seleção natural, mas sequer forma gerações e exibe herança. A partir da compreensão darwinista da vida, encontramos estas dificuldades, que sugerem que não é enveredando por essa via que poderemos apoiar o ponto de vista de Lovelock.

Contudo, o que foi comentado acima está focado em definições de vida da biologia, enquanto Lovelock (2000b) mobiliza, por sua vez, uma definição termodinâmica de vida em apoio à sua ideia de Terra viva. Para ele, uma vez que a termodinâmica trata os organismos vivos como sistemas dissipativos, torna-se possível perceber uma similaridade profunda entre os organismos vivos e a Terra, o que apoiaria sua metáfora de um superorganismo: ambos exibem a capacidade de reduzir a entropia interna à custa do aumento da entropia do ambiente. Entretanto, é possível que a definição termodinâmica de vida também não seja específica o suficiente, já que sistemas dissipativos não são encontrados exclusivamente no mundo vivo. Correntes convectivas são exemplos bem conhecidos de sistemas dissipativos e dificilmente alguém as qualificaria como vivas (Korzeniewski, 2001; Meyer, Bomfim & El-Hani, 2007). O biólogo teórico Bernard Korzeniewski (2001) argumenta, por exemplo, que a grande quantidade de "informação termodinâmica" encontrada em sistemas deslocados do equilíbrio e caracterizados por baixa entropia, como os sistemas vivos, não está diretamente relacionada "à essência do fenômeno da vida, uma vez que não diz respeito à característica de serem dirigidos para propósitos (*purposefulness*) dos organismos vivos".

Seria essa a razão pela qual a "informação termodinâmica", ao contrário do que propõe Lovelock, não permitiria distinguir os sistemas vivos de outras estruturas dissipativas, como, por exemplo, correntes convectivas, ou, em termos mais gerais, de outros sistemas físicos deslocados do equilíbrio. Assim, a caracterização dos sistemas vivos como sistemas deslocados do equilíbrio, com grande quantidade de informação termodinâmica, seria uma condição necessária mas não suficiente para a definição de vida, já que isso apenas incluiria os seres vivos no conjunto das estruturas e dos sistemas dissipativos, mas não permitiria a demarcação entre os tipos de sistemas dissipativos que denominamos "vivos" e os tipos que não seriam vivos. Nesses termos, a caracterização da Terra como sistema dissipativo não seria uma base adequada para sua inclusão entre os seres vivos.

Para compreender-se o tipo de informação relevante para a caracterização dos seres vivos, Korzeniewski argumenta que é necessário explicar o que seria a informação biologicamente relevante. Esta não se limita, em seu entendimento, a uma relação com o baixo grau de entropia dos sistemas vivos (que mediria somente o grau geral de ordem), mas se referiria à informação dotada de propósito (que mediria o tipo de ordem que é específico da vida). Ele define, então, a informação biologicamente relevante (dotada de propósito) com base em uma correlação estrita com a rede de mecanismos regulatórios (retroalimentações negativas) que servem ao propósito da sobrevivência e da reprodução. Esse autor propõe, assim, uma definição de vida em termos cibernéticos, que levanta a possibilidade de se justificar teoricamente a proposição de que a Terra é viva. Afinal, a teoria Gaia propõe a existência de uma rede de processos de retroalimentação envolvendo a biota e o ambiente físico-químico da Terra que seria responsável pela regulação deste último. Para Korzeniewski, um indivíduo vivo pode ser definido, dentro do paradigma cibernético, como uma rede ou um sistema de retroalimentações negativas inferiores (mecanismos regulatórios) subordinadas a (encontrando-se a serviço de) uma retroalimentação positiva superior (potencial de expansão).

O conjunto completo de retroalimentações negativas, de mecanismos regulatórios, opera em diferentes níveis hierárquicos com o "propósito" de sustentar a identidade de um determinado indivíduo. Do ponto de vista cibernético, essa identidade é entendida como nada mais que a presença de um complexo específico de retroalimentações negativas em vez de outro qualquer. O único "propósito" dessa identidade é reproduzir a si mesma em tantas cópias quanto for possível. Assim, o potencial de expansão de um sistema vivo está relacionado à sua sobrevivência, sua reprodução e sua evolução.

Para tornar mais clara a definição de Korzeniewski, é necessário examinar o que ele entende por "potencial de expansão" dos indivíduos vivos, ao qual estaria subordinada a rede de retroalimentações negativas. Ele afirma que o único "propósito" da identidade de um indivíduo vivo é preservar sua própria existência no tempo, ou seja, sobreviver nas condições ambientais específicas nas quais se encontra e produzir tantas cópias de si próprio quanto for possível. Dentro do paradigma cibernético, a reprodução nada mais é que uma retroalimentação positiva, para a qual está dirigida toda a rede de mecanismos de retroalimentação negativa que constitui a identidade de um indivíduo. Ele se refere a três propriedades intimamente relacionadas que a vida na Terra possui e que estão ausentes em sistemas inanimados: a vida é (1) composta de indivíduos particulares, que (2) se reproduzem e (3) evoluem. A reprodução dos organismos vivos é entendida como a produção de descendentes com a mesma identidade ou, considerando-se a ocorrência de mutações, de identidade similar. A reprodução de indivíduos envolvendo herança de identidade é considerada por Korzeniewski uma propriedade única dos organismos vivos. Portanto, está claro que, como a Terra não se reproduz, não podendo exibir o potencial de expansão que caracteriza a vida, ela não pode ser caracterizada como "viva" de acordo com a definição cibernética proposta por esse autor. Esse é um fracasso importante, porque é difícil imaginar base teórica que poderia ser mais compatível com a ideia da Terra viva do que uma teoria cibernética, que compartilha grande parte de seu conteúdo com a teoria Gaia.

Diante disso, podemos apelar para a ideia de que a Terra é viva apenas em termos metafóricos. Decerto, o aviso de que se trata de uma metáfora ajuda a tornar tal ideia menos problemática, mas até mesmo nesse sentido algumas distinções devem ser feitas. Em nossa investigação sobre como livros didáticos de biologia do ensino médio publicados no Brasil tratam a teoria Gaia (Carmo, Nunes-Neto & El-Hani, 2009), verificamos a presença de diversas analogias que Lovelock emprega para suportar a ideia de Terra viva. Enquanto apresenta tais analogias, ele frequentemente toma Gaia como sinônimo de Terra, uma ambiguidade que marca seus trabalhos e leva à confusão, uma vez que o termo "Gaia" é também usado para descrever o sistema cibernético ou de controle adaptativo – que não equivale à Terra. Estas são as analogias usadas por Lovelock: (1) Gaia como um superorganismo; (2) Gaia e a sequoia; (3) Gaia e a deusa grega da Terra; (4) Colmeias e sistemas que exibem autorregulação: a

Terra é quase-viva; (5) Gaia e as bactérias. As analogias 1 e 3 são mais frequentes, tanto nos trabalhos de Lovelock quanto na literatura em geral sobre Gaia, enquanto as outras duas raramente são usadas, sobretudo pelo próprio Lovelock.

Aqui, é necessário dizer algumas palavras sobre três dessas analogias (2, 4, e 5), que não haviam sido mencionadas antes. Lovelock atribui grande importância à analogia entre a Terra e a sequoia, porque ela ajuda, em sua visão, a "engolir a noção de que esteja viva uma coisa aparentemente inanimada e com todo o tamanho que a Terra tem" (Lovelock, 1995: 27). Ele comumente enfatiza três similaridades entre essas duas entidades: primeiro, ambas são "indubitavelmente vivas", embora sejam compostas de mais de 97% de matéria morta; segundo, assim como a árvore, que tem uma fina camada de células vivas – o câmbio – que garante sua vida e seu crescimento, a Terra tem uma fina camada de organismos vivos em sua superfície; terceiro, tanto a casca da árvore quanto a atmosfera da Terra cumprem o papel essencial de proteger a matéria viva presente na superfície.

A respeito da analogia com as colmeias, Lovelock escreve:

> É possível, claro, [...] olhar para Gaia não como viva, mas ainda como algo especial, capaz de autorregulação do mesmo modo como um organismo vivo. [...]. Talvez os neodarwinistas possam aceitar "quase-viva" como uma categoria para Gaia e para os ecossistemas, colmeias e outros sistemas que contêm organismos e exibem autorregulação (Lovelock, 2000b: 31).

Por fim, a analogia entre Gaia e as bactérias apareceu como uma resposta de Lovelock aos comentários críticos dos biólogos evolutivos, que destacaram, entre outros aspectos, que a Terra não é capaz de autorreprodução, uma exigência-chave em uma abordagem darwinista de vida. Lovelock argumenta que não há dúvida de que as bactérias sejam seres vivos, embora elas não tenham qualquer sentido de propósito, não possam se mover por vontade própria, ou "fazer amor" (Lovelock, 2000b). Desse modo, ele conclui, a Terra também pode ser considerada viva, embora, como as bactérias, "não possa fazer amor". Contudo, refutar essa analogia não requer muito esforço argumentativo. Está claro que o argumento de Lovelock perde completamente o que foi colocado em questão na crítica darwinista à ideia de que a Terra seria viva. Afinal, a crítica nada tem a ver com reprodução sexuada, mas sim com a reprodução em geral, e as bactérias, obviamente, reproduzem-se assexuadamente.

Nessas analogias, Lovelock enfatiza as similaridades e negligencia diversas diferenças importantes entre a Terra e as entidades tomadas como análogas. Para sustentar devidamente que a Terra ou mesmo o sistema cibernético descrito por sua teoria é um sistema vivo, seria necessário, todavia, considerar tanto as semelhanças quanto as diferenças entre as entidades comparadas e, além disso, avaliar se a ideia de uma Terra viva é consistente se submetida a definições ou explicações de vida propostas na literatura. Em artigo desenvolvido em nosso laboratório, Lima-Tavares e El-Hani fizeram uma análise sistemática acerca desta última questão e concluíram que a Terra não pode ser tratada como viva a partir de duas definições de vida – encontradas na biologia evolutiva darwinista e na biossemiótica –, mas pode ser reconhecida como um sistema vivo de acordo com a teoria da autopoiese, que permitiria considerá-la como um sistema autopoiético (Lima-Tavares & El-Hani, 2001). Por exemplo, Fritjof Capra (Capra, 1996) adota em suas discussões sobre Gaia essa linha de raciocínio como base para considerar a Terra como uma entidade viva. Contudo, esse mesmo argumento também pode ser usado para mostrar que uma definição da vida como autopoiese não é específica o suficiente para caracterizar os seres vivos, visto que há outros sistemas autopoiéticos, mas que não são vivos, como a própria Terra. Ou seja, o argumento é uma faca de dois gumes, permitindo colocar em questão a própria definição autopoiética de vida, o que significa que permanece a dúvida sobre a possibilidade de a Terra ser mesmo caracterizada como ser vivo. No entanto, isso não traz problemas para uma compreensão da teoria Gaia como a que defendemos aqui – uma compreensão que não toma essa tese como central, mas, sim, debruça-se sobre a proposição de um sistema de controle adaptativo que inclui a biota e o ambiente físico-químico e, por meio de mecanismos de retroalimentação, torna este último adequado para a maioria das formas de vida (ver também Kleidon, 2006).

Como as algas (e outros organismos marinhos) constroem nuvens?

Neste tópico, mostraremos por meio da análise de um caso histórico concreto, que a teoria Gaia vem apresentando modelos científicos consistentes que tiveram importante impacto científico. O caso em questão é o da relação entre organismos marinhos e clima, proposta na hipótese CLAW (nome formado a partir das iniciais dos autores proponentes: Charlson, Lovelock, Andreae e Warren). A fim de compreender o que essa hipótese propõe e suas repercussões, é importante abordar seus antecedentes, que estão associados, como afirma Lovelock (1997b), às investigações sobre o ciclo do enxofre, elemento presente tanto no ambiente terrestre como no ambiente marinho.

No início dos anos 1970, sabia-se como (isto é, a partir de que processos e compostos químicos estáveis) o enxofre era transportado do continente até o ambiente marinho. Em poucas palavras, a explicação seria esta: a ação mecânica da água ao longo dos rios, que provoca a lixiviação dos solos, e a intemperização das rochas (sobretudo, as sedimentares) são processos que resultam em uma água cada vez mais rica em enxofre, na forma de íons sulfato, à medida que nos aproximamos da foz de um rio. Isso significa que o enxofre é mais abundante no ambiente marinho que no ambiente terrestre. Portanto, deve haver um composto químico estável que transporte o enxofre do ambiente marinho para o ambiente terrestre, uma vez que ele é um dos constituintes básicos dos seres vivos (Lovelock, 2000b), presente em dois aminoácidos essenciais – cisteína e metionina (Nelson & Cox, 2009). Ou seja, caso não houvesse um composto que realizasse esse transporte, os seres vivos terrestres simplesmente não sobreviveriam. Como a vida terrestre continua a existir, ela não deve estar privada de um fornecimento contínuo de enxofre desde o ambiente marinho. A dúvida que persistia dizia respeito, então, ao *mecanismo dessa reposição*. Em termos mais específicos, até princípios dos anos 1970, a principal questão colocada pelos cientistas que estudavam o ciclo do enxofre era: qual é o composto químico estável que atua como transportador de enxofre dos oceanos para a terra?

À época, existia pouco consenso entre os cientistas sobre a resposta a essa questão. Aceitava-se que o sulfeto de hidrogênio (H_2S) era o intermediário estável que realizaria o transporte do enxofre. Contudo, essa resposta da geoquímica tradicional era aceita sem muitas evidências empíricas a seu favor. Um requisito necessário para apoiar empiricamente essa hipótese era a constatação de que grandes quantidades de H_2S fossem liberadas dos oceanos, o que compensaria a perda de enxofre do ambiente terrestre. Entretanto, como notou Lovelock, a água do mar é muito oxidante para permitir a existência de concentrações de H_2S suficientes para repor o enxofre aos ecossistemas terrestres. Além disso, o H_2S possui um odor muito forte e característico, o que o torna facilmente detectável (Lovelock, 2000b). Mas esse composto, assumido como intermediário estável, não era detectado, o que mostrava ser necessário propor outras hipóteses sobre o transporte do enxofre dos oceanos para a terra.

Em 1972, Lovelock e os seus colaboradores (Lovelock, Maggs & Rasmussen, 1972) colocaram em xeque a visão tradicional sobre o intermediário estável que atuaria nesse transporte do enxofre. Apoiaram-se em um trabalho do químico e bioquímico inglês Frederick Challenger, que observou que muitas algas marinhas emitem sulfeto de dimetila (DMS). Propuseram, então, que o "DMS é o composto natural de enxofre que cumpre o papel originalmente atribuído ao H_2S; aquele de transferir o enxofre dos mares através do ar para as superfícies de terra" (Lovelock, Maggs & Rasmussen, 1972: 452).

É importante notar que a sugestão de que o DMS seria um dos intermediários envolvidos na dinâmica planetária do enxofre surgiu no âmbito da teoria Gaia. A hipótese proposta por Lovelock e seus colaboradores foi uma consequência da aceitação de um dos princípios teóricos de Gaia, isto é, o princípio de que todos os seres vivos estão profunda e sistematicamente envolvidos em mecanismos de regulação das variáveis físico-químicas do sistema Terra, podendo ser apontados como fontes de compostos químicos – detectáveis, por exemplo, na atmosfera (Lovelock, 1995).

Após a publicação do referido artigo, vários outros trabalhos científicos forneceram dados sobre a distribuição global e a concentração de DMS nos oceanos, apoiando a tese de que esse seria o composto intermediário procurado para fechar a lacuna no ciclo do enxofre. Isso tornava cada vez menos plausível a hipótese de que o intermediário seria o H_2S (Andreae & Raemdonck, 1983; Bigg, Gras & Evans, 1984; Kasting & Siefert, 2002; Spiese *et al.*, 2009). Enfim, uma dúvida importante sobre o ciclo do enxofre se esclarecia, em grande medida graças à adoção de princípios da teoria Gaia. Certamente, esse já é um feito científico de grande relevância. Contudo, algo ainda mais profundo pôde ser extraído de uma análise gaiana desse conjunto de fenômenos relacionados ao ciclo do enxofre.

Para compreender este passo, consideremos mais uma informação sobre o DMS: ele é um composto que contribui para a refletividade da radiação solar incidente sobre a superfície da Terra, como foi observado por Twomey (1977) e Shaw (1983). Foi a partir da conexão entre esses achados sobre o DMS que a hipótese CLAW foi proposta, em 1987, por Charlson, Lovelock, Andreae e Warren.

Apresentemos a hipótese de modo sintético: ela propõe que as regiões oceânicas mais quentes, mais salinas e que são mais intensamente iluminadas têm as maiores taxas de emissão de DMS pelas células das algas. O DMS é lançado no ambiente oceânico e dali passa à atmosfera. Na atmosfera, o DMS atua como um importante núcleo de condensação de nuvens (NCN), sendo a molécula básica a partir da qual vão agregar-se vapor d'água ou outras substâncias em suspensão na atmosfera para formar nuvens – neste caso, nuvens sobre os oceanos. Sabemos que as nuvens – que, diga-se de passagem, são ubíquas em nosso planeta – tendem a aumentar o albedo da Terra (isto é, a taxa de refletividade da radiação solar enviada de volta para o espaço). Como consequência, o aumento do albedo reduz a temperatura do planeta como um todo – efeito que é mais intenso na superfície oceânica. A redução de temperatura e de luminosidade das águas oceânicas tende a reduzir a emissão de DMS pelas algas planctônicas, diminuindo, portanto, a produção de nuvens, o que fecha o ciclo. Esse é um exemplo de mecanismo cibernético de retroalimentação negativa, constituído por um acoplamento forte entre a biota e o ambiente físico-químico da Terra. Em outras palavras, a forte conexão entre algas e clima (por meio do DMS) proposta pela hipótese CLAW possibilitaria a manutenção da temperatura em torno de valores adequados para a vida.

Desde que foi proposta, a hipótese CLAW tem recebido muita atenção da comunidade de biogeoquímicos, ecólogos e climatólogos, seja suscitando apoiadores, seja pelas críticas que tem recebido. Na base *Scopus*, foram registradas até junho de 2012 mais de 1500 citações do artigo original de Charlson e seus colaboradores (Charlson *et al.*, 1987), recontextualizado, inclusive, de modo didático, para o ensino superior de bioquímica vegetal (ver, por exemplo, Buchanan *et al.*, 2000), e em discussões recentes sobre o futuro do clima da Terra (ver Rice & Henderson-Sellers, 2012), o que evidencia seu impacto sobre os estudos posteriores acerca do sistema Terra. Além disso, a hipótese CLAW deu origem a uma nova área de pesquisa, de caráter interdisciplinar, chamada de "conexão algas-nuvens". Essa área está focada nas relações entre os organismos e o clima global, a partir da produção de nuvens e do efeito do albedo.

Aqui não discutiremos os desenvolvimentos posteriores à publicação da hipótese CLAW, porque isso nos afastaria de nosso objetivo neste tópico. É possível obter mais detalhes sobre o ciclo do enxofre, a hipótese CLAW e seus desenvolvimentos posteriores nos trabalhos de Simó (2001), Ayers e Cainey (2007) e Nunes-Neto, Carmo e El-Hani (2009a,b). Ressaltaremos apenas um ponto, que é importante para o argumento aqui desenvolvido. A hipótese original apontava apenas as microalgas do plâncton marinho como fontes de DMS, que seria um resultado exclusivo de seu metabolismo. Contudo, posteriormente, foi ficando cada vez mais claro que a produção líquida de DMS (ou seja, o que resulta da diferença entre a produção total e aquilo que é consumido biológica ou quimicamente) que alcança as águas oceânicas e depois a atmosfera é resultado de uma complexa teia de interações tróficas entre diversos organismos da microbiota marinha, incluindo zooplâncton, vírus e bactérias (Figura 2). Portanto, é mais correto dizer que a produção de DMS resulta de um conjunto de organismos da microbiota marinha, e não apenas das algas.

De qualquer modo, o ponto mais importante a ser registrado é o progresso científico – empírico e teórico – possibilitado pela proposta inicial de Lovelock e de seus colaboradores, construída no âmbito da teoria Gaia. A teoria está presente na própria origem da hipótese CLAW e no campo de pesquisas que se consolidou a partir de sua proposta, em um trabalho científico fortemente interdisciplinar, uma vez que, para compreender certos fenômenos geofísicos e biológicos, cientistas de diversas áreas têm de trabalhar em estreita parceria.

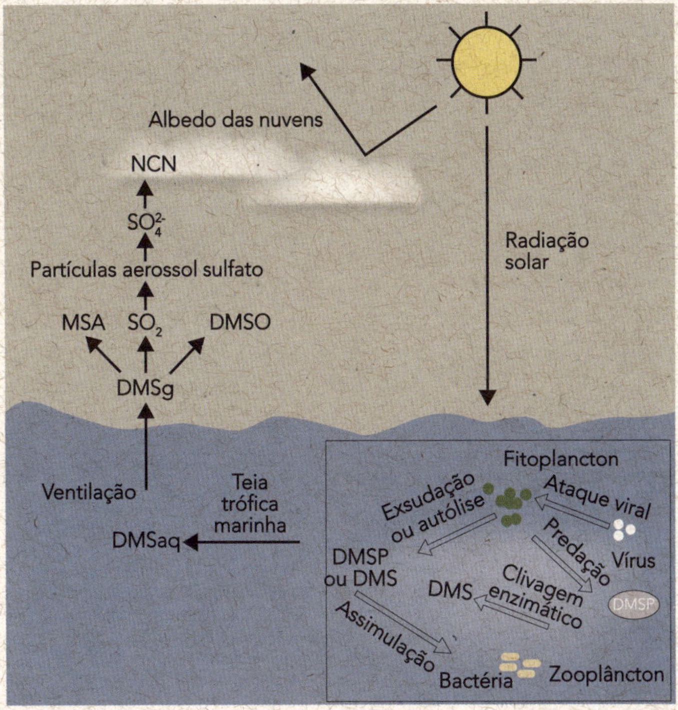

Figura 2. Representação esquemática dos principais mecanismos envolvendo a produção do DMS pela teia trófica marinha e sua rota no oceano e na atmosfera, contribuindo para a produção de nuvens. DMS_{aq}: sulfeto de dimetila na água marinha; DMS_g: sulfeto de dimetila na atmosfera; DMSP: dimetilsulfoniopropionato; DMSO: dimetilsulfóxido; MSA: ácido metano sulfônico; SO_2: dióxido de enxofre; SO_4^{2}: íons sulfato; NCN: núcleos de condensação de nuvens.

Podemos dizer que o modelo proposto pela hipótese CLAW e depois ampliado para incluir toda a microbiota marinha cria espaços para trabalhos interconectados de cientistas de diversas especialidades, como biólogos celulares e fisiólogos (metabolismo do DMS, de seu precursor, etc.), ecólogos marinhos (relações ecológicas entre os organismos da microbiota e perturbações do sistema), geoquímicos (rotas e reações químicas pelas quais passam os compostos de enxofre no oceano e na atmosfera) e geofísicos (processo de reflexão da radiação solar a partir das nuvens). Além disso, essa comunidade interdisciplinar tem incluído também matemáticos e físicos interessados pelo tema, que têm desenvolvido, em colaboração com cientistas naturais, modelos matemáticos sobre o sistema em questão. Acreditamos que esta perspectiva interdisciplinar pode servir como um modelo para a ciência como um todo e para o estudo da relação entre seres vivos e ambiente físico-químico em particular.

Conclusões

A afirmação de que a Terra é um organismo vivo direcionado a um propósito específico de criar condições biologicamente favoráveis ou mesmo ótimas para ela própria é o enunciado mais comumente associado à teoria Gaia. Todavia, dessa maneira, é negligenciada a ideia mais central da teoria: a de um sistema cibernético que inclui a biota e o ambiente físico-químico, e que possui capacidade de autorregulação por meio de retroalimentação entre processos biológicos e processos físico-químicos. Embora a formulação de Gaia como uma teoria sobre um superorganismo capaz de agir de modo a otimizar as condições para a vida na Terra esteja presente em muitos dos escritos de Lovelock (e ainda possa ser encontrada em trabalhos recentes de outros autores), desde meados da década de 1980 o próprio Lovelock tem oscilado entre essa afirmação e a ideia de que a Terra é quase-viva (Lovelock, 1985; Lovelock, 1986b; Lovelock, 2000b).

Em razão de suas conotações filosóficas, metafísicas e políticas, a teoria Gaia se tornou parte de diversas esferas da cultura humana, não se limitando à ciência (Markoš, 1995). Diante disso, o discurso sobre Gaia inclui tanto ideias científicas como não científicas (Haigh, 2001). Porém, não temos dúvida de que Gaia seja uma teoria científica: ela tem proposto modelos testáveis, que vêm contribuindo para avanços em muitas disciplinas tradicionais (como ecologia, climatologia, biogeoquímica, etc.).

Contudo, para sustentar essa conclusão, parece-nos fundamental distinguir, de um lado, o cerne da teoria Gaia, uma construção social e histórica erigida por muitos cientistas em interação, e, de outro, ideias idiossincráticas de seu principal proponente, James Lovelock, que foram incluídas na própria teoria e acabaram ganhando grande destaque. É claro que Lovelock, como proponente da teoria Gaia, é o principal nome associado a ela. Mas não se deve limitar o entendimento da teoria às ideias de Lovelock – sobretudo à ideia de que a Terra (ou Gaia) é viva ou algo similar. Essa limitação significaria não reconhecer que, quando uma teoria passa a orientar a pesquisa científica, ela passa a ser construída e reconstruída por uma comunidade científica, tendo seu conteúdo mudado ao longo do tempo, por vezes até distanciando-se um pouco de seu conteúdo original. Como discutem Uri Shwed e Peter Bearman (2010), a construção de consensos na comunidade científica requer negociação de resultados, campanhas para fortalecimento ou exclusão de teses de uma teoria, mudanças na linguagem empregada, e tais estratégias foram usadas por cientistas ligados à teoria Gaia.

Certamente, Lovelock é um cientista com fortes opiniões, que são ainda mais reforçadas por sua condição de cientista independente. No entanto, isso não deve significar que ele deve ter monopólio sobre o significado da teoria Gaia, de modo que o conteúdo da mesma, compartilhado entre vários cientistas, seja indiscriminadamente misturado a ideias idiossincráticas do cientista que inicialmente a propôs. Afinal, não é por acaso que outros cientistas interessados em Gaia, como Wilkinson, Kleidon e Lenton, têm procurado fazer distinções entre a construção de uma compreensão gaiana do sistema Terra e algumas ideias pessoais de Lovelock.

Referências Eletrônicas

ARAIA, E. "A Terra é um ser vivo do qual somos o sistema nervoso". Em *Revista Planeta*, 2010. Disponível em: http://www.terra.com.br/revista-planeta/edicoes/454/artigo180107-1.htm. Acesso em: 26-6-2012.

BBC RADIO 4 FM. "The Life Scientific James Lovelock". Disponível em: http://www.bbc.co.uk/iplayer/episode/b01h666h/The_Life_Scientific_James_Lovelock/. Acesso em: 2-7-2012.

GOODELL, J. "Aquecimento global é inevitável e 6 bi morrerão, diz cientista". Em *Rolling Stone Brasil*, São Paulo, 14-11-2007. Disponível em: http://www.rollingstone.com.br/edicao/14/aquecimento-global-e-inevitavel--e-6-bi-morrerao-diz-cientista. Acesso em: 27-6-2012.

HAIGH, J. "Climate Variability and the Influence of the Sun". Em *Science*, v. 294, pp. 2109-2111, 2001.

LOPES, R. J. "Guru verde renega catastrofismo climático". Em *Folha de S.Paulo*, São Paulo, 5-5-2012. Disponível em: http://www1.folha.uol.com.br/ambiente/1085890-guru-verde-renega-catastrofismo-climatico.shtml. Acesso em: 27-6-2012.

LOVELOCK, J. E. "Gaia precisa de energia nuclear". Em *Folha de S.Paulo*, São Paulo, 8-6-2004. Disponível em: http://www.jornaldaciencia.org.br/Detalhe.jsp?id=19198. Acesso em: 30-7-2012.

MOORE III, B. *et al.* "The Amsterdam declaration on global change". Disponível em: <http://www.essp.org/index.php?id=41>. Acesso em: 05 jun. 2012.

RODEL, M. G. *A Suitable Book for Teaching Faddish Fables and Baloney*: The Textbook Letter, May-June 1995. Disponível em: http://www.textbookleague.org/62envi.htm. Acesso em: 26-6-2012.

Referências bibliográficas

2nd CHAPMAN CONFERENCE ON THE GAIA HYPOTHESIS, 2000, Valencia. *Proceedings*... Valencia: Universitat de Valencia, 2000.

ANDREAE, M. O. & RAEMDONCK, H. "Dimethyl Sulfide in the surface ocean and the marine atmosphere: a global view". Em *Science*, v. 221, pp. 744-747, 1983.

ATREYA, S. K.; MAHAFFY, P. R. & WONG, A.-S. "Methane and Related Trace Species on Mars: Origin, Loss, Implication for Life and Habitability". Em *Planetary and Space Science*, v. 55, pp. 358-369, 2007.

AYERS, G. P. & CAINEY, J. M. "The CLAW Hypothesis: a Review of the Major Developments". Em *Environmental Chemistry*, v. 4, pp. 366-374, 2007.

BEERLING, D. J. *et al.* "The influence of Carboniferous palaeo-atmospheres on plant function: an experimental and modelling assessment". Em *Philosophical Transactions of the Royal Society B*, v. 353, pp. 131-140, 1998.

BIGG, E. K.; GRAS, J. L. & EVANS, C. "Origin of Aitken Particles in Remote Regions of the Southern Hemisphere". Em *Journal of Atmospheric Chemistry*, v. 1, pp. 203-214, 1984.

BUCHANAN, B. B.; GRUÍSSEM, W. & JONES, R. L. (eds.). *Biochemistry & Molecular Biology of Plants*. Ed. Ac. Soc. Plant Physiology, 2000.

CAPRA, F. *The Web of Life*. Nova York: Anchor Books, 1996.

CARMO, R. S.; NUNES-NETO, N. F. & EL-HANI, C. N. "Gaia Theory in Brazilian High School Biology Textbooks". Em *Science & Education*, v. 18, pp. 469-501, 2009.

CHARLSON, R. J. *et al.* "Oceanic phytoplankton, atmospheric sulphur, cloud albedo and climate". Em *Nature*, v. 326, pp. 655-661, 1987.

DAY, L. & McNEIL, I. *Biographical Dictionary of the History of Technology*. Nova York: Routledge, 1996.

DE GREGORIO, S.; PIELKE, R. A. & DALU, G. A. "A Delayed Biophysical System for the Earth's Climate". Em *Journal of Nonlinear Science*, v. 2, pp. 293-318, 1992.

DISMUKES, G. C. *et al.* "The Origin of Atmospheric Oxygen on Earth: the Innovation of Oxygenic Photosynthesis". Em *PNAS*, v. 98, pp. 2170-2175, 2001.

DUARTE, F. "Guru dos verdes defende futuro nuclear". Em *O Globo*, v. 22, p. 80, 2004.

FALKOWSKI, P. G. *et al*. "The Rise of Oxygen over the Past 205 Million Years and the Evolution of Large Placental Mammals". Em *Science*, v. 309, pp. 2202-2204, 2005.

GILLON, J. "Earth Systems: Feedback on Gaia". Em *Nature*, v. 406, pp. 685-686, 2000.

GUIMARÃES, M. D. M. *et al*. "A teoria Gaia é um conteúdo legítimo no ensino médio de ciências?" Em *Pesquisa em Educação Ambiental*, v. 3, pp. 73-104, 2008.

HALIFAX, J. "The Third Body: Buddhism, Shamanism, and Deep Ecology". Em BADINER, A. H. (ed.). *Dharma Gaia*: a Harvest of Essays in Buddhism and Ecology. Berkeley: Parallax Press, pp. 20-38, 1990.

HITCHCOCK, D. R. & LOVELOCK, J. E. "Life detection by atmospheric analysis". Em *Icarus*, v. 7, n. 2, pp. 149-159, 1967.

HOWARD, E. C. *et al*. "Bacterial Taxa that Limit Sulfur Flux from the Ocean". Em *Science*, v. 314, pp. 649-652, 2006.

HUEY, R. B. & WARD, P. D. "Hypoxia, Global Warming, and Terrestrial Late Permian Extinctions". Em *Science*, v. 308, pp. 398-401, 2005.

HUTTON, J. *Theory of the Earth, Volume 2 (of 4)*. Teddington: The Echo Library, 2006 [1795].

JACOBSON, M. C. *et al*. *Earth System Science*: from Biogeochemical Cycles to Global Change. San Diego: Academic Press, 2000.

JOHNSON, D. R.; RUZEK, M. & KALB, M. "What is Earth System Science?" Em Proceedings of the 1997 International Geoscience and Remote Sensing Symposium, 1997, Singapore. *Proceedings*... Cingapura: 1997.

KASTING, J. F. & SIEFERT, J. L. "Life and the Evolution of Earth's Atmosphere". Em *Science*, v. 296, pp. 1066-1068, 2002.

KERR, R. "No Longer Willful, Gaia Becomes Respectable". Em *Science*, v. 240, pp. 393-395, 1988.

KINGSLAND, S. E. "Essay Review: the History of Ecology". Em *Journal of the History of Biology*, v. 27, pp. 349-357, 1994.

KIRCHNER, J. W. "The Gaia Hypothesis: Can it Be Tested?" Em *Reviews of Geophysics*, v. 27, pp. 223-235, 1989.

_______. "The Gaia hypothesis: Are they Testable? Are they Useful?" Em SCHNEIDER, S. H.; BOSTON, P. J. (eds.). *Scientists on Gaia*. Cambridge: The MIT Press, pp. 38-46, 1993.

_______. "The Gaia Hypothesis: Fact, Theory and Wishful Thinking". Em *Climatic Change*, v. 52, pp. 391-408, 2002.

KLEIDON, A. "Testing the Effect of Life on Earth's Functioning: How Gaian is the Earth System?" Em *Climatic Change*, v. 52, pp. 383-389, 2002.

KLEIDON, A. "Why is planet Earth so habitable?". Em *Goldschmidt Conference Abstracts*, A323, 2006.

KORZENIEWSKI, B. "Cybernetic Formulation of the Definition of Life". Em *Journal of Theoretical Biology*, v. 209, pp. 275-286, 2001.

KUMP, L. R. "A Second Opinion for our Planet". Em *Science*, v. 325, pp. 539-540, 2009.

LEDERMAN, N. G. *et al.* "Views of the Nature of Science Questionnaire: toward Valid and Meaningful Assessment of Learners' Conceptions of Nature of Science". Em *Journal of Research in Science Teaching*, v. 39, pp. 497-521, 2002.

LENTON, T. M. "Gaia and Natural Selection". Em *Nature*, v. 394, pp. 439-447, 1998.

______. "Testing Gaia: the Effect of Life on Earth's Habitability and Regulation". Em *Climatic Change*, v. 52, pp. 383-389, 2002.

______ & BLOH, W. V. "Biotic Feedback Extends the Life Span of the Biosphere". Em *Geophysical Research Letters*, v. 28, pp. 1715-1718, 2001.

______; CALDEIRA, K. G. & SZATHMÁRY, E. "What Does History Teach Us about the Major Transitions and Role of Disturbances in the Evolution of Life and of the Earth System?" Em SCHELLNHUBER, H. J. *et al.* (eds.). *Earth System Analysis for Sustainability*. Cambridge: The MIT Press, pp. 29-52, 2004.

______ & LOVELOCK, J. E. "Daisyworld Is Darwinian: Constraints on Adaptation Are Important for Planetary Self-regulation". Em *Journal of Theoretical Biology*, v. 206, pp. 109-114, 2000.

______ & LOVELOCK, J. E. "Daisyworld Revisited: Quantifying Biological Effects on Planetary Self-regulation". Em *Tellus Series B – Chemical and Physical Meteorology*, v. LIII, pp. 288-305, 2001.

______; SCHELLNHUBER, H. J. & SZATHMÁRY, E. "Climbing the Co-evolution Ladder". Em *Nature*, v. 431, p. 913, 2004.

______ & VAN OIJEN, M. "Gaia as a Complex Adaptive System". Em *Philosophical Transactions of the Royal Society of London B: Biological Sciences*, v. 357, pp. 683-695, 2002.

______ & WILKINSON, D. M. "Developing the Gaia Theory". Em *Climatic Change*, v. 58, pp. 1-12, 2003.

LEVIT, G. S. "Looking at Russian Ecology through the Biosphere Theory". Em SCHWARZ, A. & JAX, K. (eds.). *Ecology Revisited*: Reflecting on Concepts, Advancing Science. Nova York: Springer, 2011.

LEVIT, G. S. & KRUMBEIN, W. E. "The Biosphere-theory of V. I. Vernadsky and the Gaia-theory of James Lovelock: a Comparative Analysis of the Two Theories and Traditions". Em *Journal of General Biology*, v. 61, pp. 133-144, 2000.

LIMA-TAVARES, M. *Gaia e ciência*: uma análise da cientificidade da teoria Gaia de acordo com a metodologia dos programas de pesquisa de Lakatos. Dissertação de mestrado. Instituto de Física da Universidade Federal da Bahia e Universidade Estadual de Feira de Santana, Salvador, 2002.

LIMA-TAVARES, M. L. & EL-HANI, C. N. "A Terra é viva? Hipótese Gaia e definições de vida". Em OLIVEIRA, E. C. (org.). *Epistemologia, Lógica e Filosofia da Linguagem*. Feira de Santana: Núcleo de Estudos Filosóficos--UEFS, 2001.

LOVELOCK, J. E. "A Physical Basis for Life Detection Experiments". Em *Nature*, v. 207, pp. 568-570, 1965.

_______. "Gaia as Seen through the Atmosphere". Em *Atmospheric Environment*, v. 6, pp. 579-580, 1972.

_______. "Are We Destabilising World Climate? The Lessons of Geophysiology." Em *The Ecologist*, v. 15, pp. 52-55, 1985.

_______. "Gaia: The World as a Living Organism". Em *New Scientist*, v. 112, pp. 25-28, 1986a.

_______. "Geophysiology: a New Look at Earth Science". Em *Bulletin of the American Meteorological Society*, v. 67, pp. 392-397, 1986b.

_______. "Geophysiology: a New Look at Earth Science". Em DICKINSON, R. E. (ed.). *The Geophysiology of Amazonia: Vegetation and Climate Interactions*. Nova York: John Wiley and Sons, pp. 11-23, 1987.

_______. "Hands up for the Gaia hypothesis". Em *Nature*, v. 344, pp. 100-102, 1990.

_______. "Toujours Gaia". Em *Science*, v. 252, pp. 1472, 1991.

_______. *The Ages of Gaia*: a Biography of our Living Earth. Nova York: W. W. Norton, 1995.

_______. "A Terra como um organismo vivo". Em WILSON, E. O. (org.). *Biodiversidade*. Rio de Janeiro: Nova Fronteira, pp. 619-623, 1997a.

_______. "A Geophysiologist's Thoughts on the Natural Sulphur Cycle". Em *Philosophical Transactions of the Royal Society of London B: Biological Sciences*, v. 352, pp. 143-147, 1997b.

_______. *Gaia*: a New Look at Life on Earth. Oxford: Oxford University Press, 2000a.

_______. *Gaia*: the Practical Science of Planetary Medicine. Oxford: Oxford University Press, 2000b.

_______. "Gaia: um modelo para a dinâmica planetária e celular". Em THOMPSON, W. I. (org.). *Gaia*: uma teoria do conhecimento. São Paulo: Gaia, pp. 77-90, 2000c.

_______. *Homage to Gaia*: the Life of an Independent Scientist. Oxford: Oxford University Press, 2001.

_______. "The Living Earth". Em *Nature*, v. 426, pp. 769-770, 2003.

_______. "Reflections on Gaia". Em SCHNEIDER, S. H. *et al. Scientists debate Gaia*: the next century. Cambridge: The MIT Press, Cambridge, pp. 1-5, 2004.

_______. *The Revenge of Gaia:* Earth's Climate Crisis and the Fate of Humanity. Basic Books, 2006.

_______. *Gaia*: alerta final. Rio de Janeiro: Intrínseca, 2009.

_______ E. & GIFFIN, C. E. "Planetary Atmospheres: Compositional and others Changes Associated with Presence of Life". Em *Advanced Space Experiments*, v. 25, pp. 179-193, 1968.

_______ & HITCHCOCK, D. R. "Detecting Planetary Life From Earth". Em *Science Journal*, v. 3, pp. 2-4, 1967.

_______ & LIPSKY, S. R. "Electron Affinity Spectroscopy – a new Method for the Identification of Functional Groups in Chemical Compounds Separated by Gas Chromatography". Em *Journal of the American Chemical Society*, v. 82, pp. 431-433, 1960.

_______ & LODGE, J. P. "Oxygen in the Contemporary Atmosphere". *Atmospheric Environment*, v. 6, pp. 575-578, 1972.

LOVELOCK, J. E.; MAGGS, R. J. & RASMUSSEN, R. A. "Atmospheric Dimethyl Sulphide and the Natural Sulphur Cycle". Em *Nature*, v. 237, pp. 452-453, 1972.

LOVELOCK, J. E.; MAGGS, R. J. & RASMUSSEN, R. A. "Atmospheric dimethyl sulphide and the natural sulphur cycle". *Nature*, v. 237, pp. 452-453, 1972.

LOVELOCK, J. E. & MARGULIS, L. "Atmospheric homeostasis by and for the biosphere: the Gaia hypothesis". Em *Tellus*, v. XXVI, pp. 1-10, 1974a.

_______. "Homeostatic tendencies of the Earth's atmosphere". Em *Origins of Life and Evolution of the Biosphere*, v. 5, pp. 93-103, 1974b.

LOVELOCK, J. E. & WATSON, A. J. "The Regulation of Carbon Dioxide and Climate: Gaia or Geochemistry". Em *Planetary and Space Science*, v. 30, pp. 795-802, 1982.

_______. "Biological Homeostasis of the Global Environment: the Parable of Daisyworld". Em *Tellus, Series B – Chemical and Physical Meteorology*, v. XXXV, pp. 284-289, 1983.

MANN, C. "Lynn Margulis: Science's Unruly Earth Mother". Em *Science*, v. 252, pp. 378-381, 1991.

MARGULIS, L. "James Lovelock's Gaia". Em BUNYARD, P. (ed.). *Gaia in Action*: Science of the Living Earth. Edimburgo: Floris Books, pp. 54-64, 1996.

_______. *Symbiotic Planet*: a New Look at Evolution. Amherst: Sciencewriters, 1998.

_______. "Gaia Becomes Respectable: Modes of Confirmation of 'Gaia Theory'". Em 2nd Chapman Conference on the Gaia Hypothesis. *Proceedings*..., p. 16. Valencia, 2000.

_______. "Gaia by any other Name". Em SCHNEIDER, S. H. *et al.* (eds.). *Scientists Debate Gaia*: the Next Century. Cambridge: The MIT Press, pp. 7-12, 2004.

MARGULIS, L. & LOVELOCK, J. E. "Biological Modulation of the Earth's Atmosphere". Em *Icarus*, n. 21, pp. 471-489, 1974.

MARGULIS, L. & SAGAN, D. *Microcosmos*. Summit, New York, 1986.

MARKOŠ, A. "The Ontogeny of Gaia: the Role of Microorganisms in Planetary Information Network". Em *Journal of Theoretical Biology*, v. 176, pp. 175-180, 1995.

MAYR, E. *The Growth of Biological Thought*. Cambridge: Harvard University Press, 1982.

MEYER, L. M. N.; BOMFIM, G. C. & EL-HANI, C. N. "Life Concepts in Higher Education Biology Textbooks". Em *Proceedings of the Ioste International Meeting on Critical Analysis of School Science Textbook*, 2007. *Proceedings*... Túnis: University of Tunis, 2007.

MONTAIGNE, M. "On Experience". Em MONTAIGNE, M. *The complete essays*. Trad. Michael Andrew Screech. Londres: Penguin Classics, 1991 [1592].

MOORCROFT, P. R. "How Close Are we to a Predictive Science of the Biosphere?" Em *Trends in Ecology and Evolution*, v. 21, pp. 400-407, 2006.

MORRIS, P. J. T. (ed.). *From Classical to Modern Chemistry*: the Instrumental Revolution. Cambridge: The Royal Society of Chemistry & Science Museum, London, 2002.

NELSON, D. L. & COX, M. M. *Lehninger Principles of Biochemistry*. 5a. ed. Nova York: W.H. Freeman, 2009.

NOBRE, C. *et al.* "Addressing the Complexity of the Earth System". Em *American Meteorological Society*, v. 91, pp. 1389-1396, 2010.

NUNES-NETO, N. F.; CARMO, R. S. & EL-HANI, C. N. "The Relationships Between Marine Phytoplankton, Dimethylsulphide and the Global Climate: the CLAW Hypothesis as a Lakatosian Progressive Problemshift". Em KERSEY, W. T. & MUNGER, S. P. (eds.). *Marine Phytoplankton*. Nova York: Nova Science Publishers, pp. 1-17, 2009a.

______. "Uma conexão entre algas e nuvens: fundamentos teóricos da hipótese CLAW e suas implicações para as mudanças climáticas". Em *Oecologia Brasiliensis*, v. 13, pp. 596-608, 2009b.

PETERSEN, A. C. "Models and Geophysiological Hypotheses". Em SCHNEIDER, S. H. *et al.* (eds.). *Scientists Debate Gaia*: the Next Century. Cambridge: The MIT Press, pp. 37-44, 2004.

PLATÃO. *Timeu*. Trad. Carlos Alberto Nunes. Belém: Editora da Universidade Federal do Pará, 1977.

POSTGATE, J. "Gaia Gets too Big for her Boots". Em *New Scientist*, v. 118, p. 60, 1988.

RICE, M. & HENDERSON-SELLERS, A. "Future climate: one vital component of trans-disciplinary Earth System Science". Em HENDERSON--SELLERS, A. & McGUFFIE, K. (eds.). *The Future of the World's Climate*. Oxford: Elsevier, pp. 509-529, 2012.

SAHTOURIS, E. *Earth Dance*: Living Systems in Evolution. Nova York: Praeger, 2000.

SCHWARTZMAN, D. W. & VOLK, T. "Biotic Enhancement of Weathering and the Habitability of Earth". Em *Nature*, v. 340, pp. 457-460, 1989.

SHAW, G. E. "Bio-Controlled Thermostasis Involving The Sulfur Cycle". Em *Climatic Change*, v. 5, pp. 297-303, 1983.

SHWED, U. & BEARMAN, P. S. "The Temporal Structure of Scientific Consensus Formation". Em *American Sociological Review*, v. 75, pp. 817-840, 2010.

SIMÓ, R. "Production of Atmospheric Sulfur by Oceanic Plankton: Biogeochemical, Ecological and Evolutionary Links". Em *Trends in Ecology & Evolution*, v. 16, pp. 287-294, 2001.

SPIESE, C. E. *et al.* "Reduction of Dimethylsulfoxide to Dimethylsulfide by Marine Phytoplankton". Em *Limnology and Oceanography*, v. 54, pp. 560-570, 2009.

SPOWERS, R. "Living Planet (Interview with James Lovelock)". Em *Geographical*, 2000.

SUPPE, F. *The Structure of Scientific Theories*. Chicago: University of Illinois Press, 1977.

TICKELL, C. "Gaia and the Human Species". Em SCHNEIDER, S. H. *et al.* (eds.). *Scientists Debate Gaia*: the Next Century. Cambridge: The MIT Press, pp. 223-227, 2004.

TWOMEY, S. "The Influence of Pollution on the Shortwave Albedo of Clouds". Em *Journal of the Atmospheric Sciences*, v. 34, pp. 1149-1154, 1977.

van FRAASSEN, B. *A imagem científica*. São Paulo: Unesp, 1980.

VASCONCELLOS, P. C. *et al.* "Determinação dos hidrocarbonetos saturados e policíclicos aromáticos presentes no material particulado da atmosfera amazônica". Em *Química Nova*, v. 21, pp. 385-393, 1998.

VERNADSKY, V. I. "The Biosphere". Em SAMSON, P. R. & PITT, D. (eds.). *The Biosphere and Noosphere Reader*: Global Environment, Society and Change. Nova York: Routledge, pp. 35-36, 1999 [1926/1929].

WATSON, A. J., LOVELOCK, J. E. & MARGULIS, L. "Methanogenesis, Fires and the Regulation of Atmospheric Oxygen". Em *Biosystems*, v. 10, pp. 293-298, 1978.

WATSON, A. J., LOVELOCK, J. E. & MARGULIS, L. "What Controls Atmospheric Oxygen?" Em *Biosystems*, v. 12, pp. 123-125, 1980.

WIENER, N. *Cybernetics*: or the Control and Communication in the Animal and the Machine. Cambridge: The MIT Press, 1948.

WILKINSON, D. M. "Gaia and Natural Selection". *Em Trends in Ecology* & *Evolution*, v. 14, pp. 256-257,1999.

ZENG, X.; PIELK, R. A. & EYKHOLT, R. "Chaos in Daisyworld". Em *Tellus*, v. 42B, pp. 309-318, 1990.

A intrincada relação entre clima e vida na história da Terra

Sonia Maria Barros de Oliveira

Introdução

Nas últimas décadas, os cientistas perceberam que a segmentação das ciências da Terra em campos limitados por fronteiras muito definidas prejudicava a compreensão dos fenômenos, particularmente os resultantes da interação entre os processos que ocorrem na superfície do planeta e no seu interior. Para dar conta dessas limitações, emergiu uma visão mais globalizante dos fenômenos, alicerçada na Teoria Geral dos Sistemas, que se consolidou sob o nome de Ciência do Sistema Terra. Essa nova abordagem foi estimulada, por um lado, pelo enorme aporte de conhecimento trazido pela planetologia comparada, que permitiu, por exemplo, formular hipóteses mais fundamentadas sobre a origem e a evolução da nossa atmosfera e dos nossos oceanos. Por outro lado, os geocientistas também foram influenciados pelas ciências do clima, que puseram em evidência a forte inter-

-relação existente entre atmosfera, oceanos e biosfera, e entre estes e a litosfera.

A aplicação da Teoria Geral dos Sistemas à Terra privilegia o todo em relação às partes. Nessa perspectiva, a Ciência do Sistema Terra vê o planeta como um sistema físico, governado por processos complexos que envolvem interações entre os reservatórios da litosfera (parte mais externa da Terra sólida), hidrosfera (oceanos, rios, lagos), criosfera (geleiras, mar congelado), atmosfera e biosfera. Essas interações, referidas como "ciclos biogeoquímicos", ocorrem por meio da transferência de material e energia entre os reservatórios. Em consequência, estes sofrem mudanças químicas e físicas, adquirem novas propriedades e evoluem. As escalas temporais envolvidas nos ciclos biogeoquímicos vão de milissegundos a bilhões de anos, e as espaciais, de micrômetros a milhões de quilômetros.

É difícil avaliar em que medida a hipótese Gaia teve influência na consolidação dessa nova maneira de conceber as ciências da Terra. Antes da década de 1970, a visão predominante nas ciências naturais era de que a vida na Terra era essencialmente passiva, respondendo a forças não vivas, como erupções vulcânicas, eventos climáticos extremos e continentes à deriva. Como resposta a isso, a vida modificaria o ambiente, por exemplo, pela troca de gases, como na fotossíntese. A hipótese Gaia certamente trouxe um importante contraponto a essa visão, enfatizando que não é fundamentalmente a vida que se adapta ao ambiente, mas que há uma complexa teia de inter-relações entre meio e biota. Essa ideia, embora já estivesse presente em textos científicos desde o século XIX, foi amplamente popularizada por Lovelock em seu livro de 1979, *Gaia: uma nova visão sobre a vida na Terra*, e, sem dúvida, foi ao encontro das propostas que embasaram a concepção da Ciência do Sistema Terra (Rollinson, 2007). Mas a hipótese Gaia foi muito além da noção de inter-relação entre meio e biota. Sustentou a tese de que a vida pode efetivamente manipular o ambiente em seu próprio proveito, ou seja, de que a Terra – biota e ambiente – é um sistema autorregulável, capaz de manter o clima e a composição química do planeta em um estado favorável à preservação da vida (Lovelock, 1979; 2006). Essa versão mais radical de Gaia – a Terra assimilada a um organismo vivo – é, em geral, sumariamente ignorada como proposição científica (sendo, às vezes, explicitamente rejeitada) pela maioria dos cientistas da Terra.

Neste capítulo, faremos uma revisão dos principais conceitos relacionados à evolução climática da Terra, e examinaremos o papel da atividade biológica nessa evolução. Será dada atenção especial aos efeitos retroalimentadores da vida sobre o clima, pondo em evidência seu papel na estabilização e na ruptura da estabilidade do sistema climático. Assim, poderão ficar mais claros os motivos pelos quais, passados quarenta anos desde suas primeiras formulações, a noção de Gaia, ainda que controversa, continua encontrando espaço nos debates entre os interessados por ciências da Terra e da vida.

A formação da Terra e da Lua

Antes de abordar o papel da biosfera no nosso planeta e a questão da relação inextricável entre organismos e demais componentes do sistema Terra, é importante refletir sobre como planetas como o nosso são constituídos.

O universo já tinha mais de 9 bilhões de anos quando nosso Sistema Solar foi gerado, há 4,567 bilhões de anos. O modelo geralmente aceito para a origem do Sistema Solar afirma que o Sol se formou pela compressão e subsequente colapso gravitacional de uma nuvem de gás e poeira no meio interestelar. Esse processo deu origem a um aumento de temperatura dentro da nebulosa, gerando uma estrela – o Sol; o resto do material se condensou sob a forma de um disco achatado de poeira, circundando a estrela. Esse disco de material em rotação é conhecido como "nebulosa solar primitiva", e é dele que os planetas e os demais corpos do Sistema Solar vão se originar. A partir da observação feita por meio de telescópios poderosos, é possível comprovar a existência desses discos em torno de outras estrelas, como é o caso da Beta Pictoris – a primeira nebulosa primitiva a ser observada diretamente pelo telescópio espacial Hubble. Essa estrela, muito mais jovem que o Sol, com apenas 10 a 20 milhões de anos, mostra os primeiros estágios da formação dos planetas, em um processo que deve ter sido semelhante àquele pelo qual passou nosso sistema solar.

Os astrônomos acreditam que a formação dos planetas ocorreu no estágio final da evolução da nebulosa solar, quando a estrela já estava acesa e a poeira condensada no disco começava a se aglutinar. O termo "acresção" refere-se a esse processo, pelo qual as partículas de poeira colidem entre si, formando corpos maiores, conhecidos como planetésimos, que, finalmente, se aglutinam em planetas.

Deve-se assinalar que a formação de planetas é fundamentalmente diferente da formação de estrelas. A geração de estrelas começa pela condensação de gás, enquanto a dos planetas inicia-se pela acresção de corpos sólidos, sendo que a incorporação de gases só ocorre nos últimos estágios da formação de alguns planetas maiores. No nosso Sistema Solar, os chamados "planetas terrestres", como Terra e Vênus, são rochosos, formados quase totalmente por planetésimos, enquanto os planetas "gasosos", como Júpiter e Saturno, contêm núcleos sólidos de material rochoso, mas estão envoltos em espessa atmosfera gasosa capturada da nebulosa solar. Essa estruturação do nosso Sistema Solar pode ser explicada pelo fato de que, à medida que a nebulosa esfria, materiais mais refratários se condensam nas regiões mais quentes, próximas do Sol, e os mais voláteis se condensam nas regiões mais frias da periferia do Sistema Solar, a distâncias crescentes do Sol.

O modelo padrão para formação da Lua é a chamada "Hipótese do Impacto Gigante". Segundo essa hipótese, nas fases finais da acresção dos planetésimos, um corpo com massa semelhante à de Marte (1/9 da massa da Terra) colidiu com a Terra, que já estava praticamente formada. O impacto gerou uma enorme quantidade de energia térmica que fez evaporar parte da Terra e do corpo que a impactou, resultando em um anel de fragmentos em órbita da Terra, que coalesceu, formando a Lua. Ao suposto corpo que impactou a Terra foi dado o nome de Theia, nome grego da deusa mãe da Lua.

Uma vez formada, a partir do material dos planetésimos, a Terra diferenciou-se em um núcleo metálico de ferro fundido e um manto sólido de natureza silicática. O núcleo permanece em estado fundido em sua maior parte até hoje, tendo apenas em seu centro um caroço solidificado. É nesse núcleo de ferro fundido que se gerou o campo magnético terrestre, ativo há pelo menos 3,5 bilhões de anos.

Os planetésimos dos quais a Terra foi formada, especialmente aqueles provenientes das regiões mais externas do cinturão de asteroides, continham minerais hidratados – é essa a fonte primordial da água dos oceanos e de outras substâncias voláteis que hoje se encontram na atmosfera terrestre. Outra fonte potencial de água para a Terra seriam os cometas, corpos compostos de gelo e rocha que se originam no Cinturão de Kuiper, pouco além da órbita de Netuno, ou na Nuvem de Oort, a aproximadamente 50.000 UA.[1]

Como os cometas contêm grande quantidade de gelo, e ocasionalmente suas órbitas cruzam a órbita terrestre, a ideia de que eles eram a principal fonte de água para a Terra foi muito popular entre os cientistas. Os cometas também contêm outros materiais voláteis, inclusive compostos de carbono, e alguns cientistas sugeriram que eles também pudessem ter contribuído diretamente para a origem da vida na Terra. Entretanto, nas duas últimas décadas, essa ideia foi desacreditada. Foi possível medir certas características da água dos cometas e se constatou que ela tem propriedades que diferem substancialmente das características da água terrestre. Assim, hoje acredita-se que a contribuição dos cometas para a água da Terra, se existiu, foi de importância bastante reduzida (Rollinson, 2007).

Os condicionantes do clima da Terra

O balanço energético

A fonte de energia que sustenta os processos climáticos é primordialmente o Sol. Com uma temperatura de superfície

---

[1] UA: unidade astronômica que equivale à distância da Terra ao Sol. [N.A.]

de cerca de 5 480 ºC, o Sol emite radiação (principalmente na faixa da luz visível). A Terra, por sua vez, sendo um corpo frio (com 15 ºC de temperatura média), emite energia sob forma de calor. Muito mais energia solar chega ao equador terrestre que aos polos, mas as diferenças de temperatura são amenizadas pelas correntes atmosféricas (ventos) e pelas correntes oceânicas. As diferenças de temperatura entre o dia e a noite também são amenizadas pela rápida rotação da Terra, de modo que se pode falar em uma temperatura média de equilíbrio para o planeta. Em planetas que obedecem a essas condições, pode-se usar uma equação simples para expressar a temperatura média em função da energia que ele recebe:

$\sigma T_e^4 = S/4\,(1-A)$,

em que σ é uma constante = 5,67. 10^{-8}W / m^2 / K^4, T_e é a temperatura efetiva do planeta, S é fluxo solar no topo da atmosfera e A é o albedo, isto é, a quantidade de energia que é refletida para o espaço pelas nuvens e pela superfície do planeta. O fluxo solar no topo da atmosfera terrestre (S) = 1 365 W / m^2 e o albedo terrestre (A) = 30%.

Quando se utiliza essa equação para calcular qual seria a temperatura efetiva da Terra, chega-se ao valor de –18 ºC, o que está muito abaixo da temperatura média real do nosso planeta, que é de cerca de 15 ºC. Essa diferença de 33 ºC é decorrente do efeito estufa que ocorre na atmosfera.

Para entender esse fenômeno, deve-se considerar que, do total da radiação solar incidente no topo da atmosfera, apenas 70% são absorvidos pela Terra (30% são refletidos como luz: é o albedo terrestre). Desses 70%, 25% são absorvidos pela atmosfera e reirradiados para o espaço, e 45% são absorvidos pela superfície dos continentes e oceanos. Essa energia é usada para evaporar a água, para a fotossíntese, para mover os ventos, correntes e ondas, e é absorvida pelos gases de efeito estufa antes de ser reirradiada de volta para o espaço sob forma de calor (Figura 1).

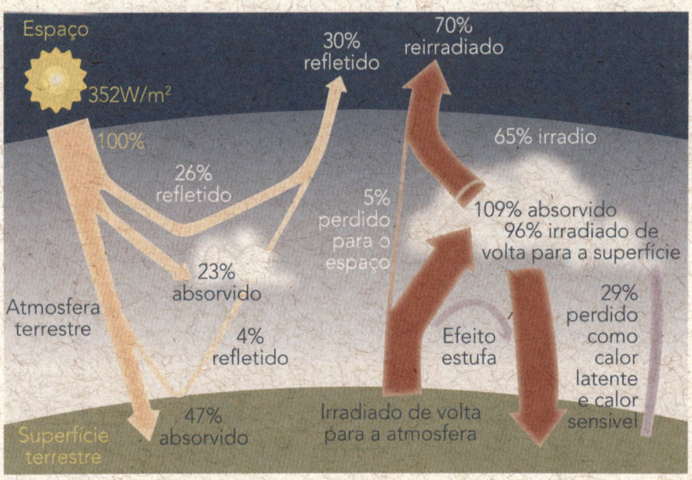

Figura 1. Balanço energético da Terra.
Fonte: Adaptado de Ruddiman, 2001.

É necessário entender o funcionamento do efeito estufa: a atmosfera é relativamente transparente para a radiação visível emitida pelo Sol, permitindo que quase toda a radiação incidente passe através dela, mas não é tão transparente para a radiação termal emitida pela superfície da Terra. Isto é, parte dessa radiação é reabsorvida pela atmosfera. Os responsáveis por essa absorção são os gases de efeito estufa, dos quais os mais importantes são o vapor d'água e o gás carbônico. O papel de outros gases de efeito estufa – como o óxido nitroso, os clorofluorcarbonos, o metano e o ozônio – é menos importante, porque eles estão presentes na atmosfera em quantidade muito pequena.

Entre os dois principais gases de efeito estufa, o vapor d'água é o mais poderoso. Ele afeta o clima de um modo peculiar, porque está sempre próximo de sua temperatura de condensação. Quando a temperatura cai, a água se condensa a partir da atmosfera e, assim, reduz o efeito estufa, diminuindo ainda mais a temperatura. Quando a temperatura aumenta, mais água evapora, aumentando o efeito estufa e, portanto, a temperatura. Isso quer dizer que o vapor d'água exerce um mecanismo de retroalimentação positiva no sistema climático. O gás carbônico, por sua vez, não se condensa em temperaturas próximas às que predominam na superfície da Terra e, portanto, não apresenta essa característica. A elevação de sua concentração na atmosfera simplesmente aumenta o efeito estufa, aumentando a temperatura. Por essa razão, ele é chamado de "forçante do clima."[2]

O outro mecanismo de retroalimentação positiva importante é o albedo, ou refletividade do planeta, causado principalmente pelas superfícies cobertas de gelo ou neve e pelas nuvens. Quanto maior for a refletividade, menor será a fração da energia solar absorvida pelo planeta e menor será o aquecimento. Se um aumento da radiação solar fizer com que o gelo se derreta, diminuindo a superfície refletora, mais radiação será absorvida, aumentando a temperatura, o que

[2] No entanto, considerando-se escalas temporais mais dilatadas, tais como 10.000 a 100.000 anos, o gás carbônico também funciona como mecanismo de retroalimentação positiva do clima, como se verá adiante, no caso dos períodos glaciais e interglaciais da Terra no último milhão de anos. Na evolução planetária de mais longa duração, na escala de milhões de anos, outros processos dominam o ciclo do carbono e mudam a relação entre gás carbônico e clima. Nesse caso, o gás carbônico funciona como um poderoso mecanismo de retroalimentação negativa do clima. Na verdade, é essa retroalimentação que mantém o clima da Terra razoavelmente estável ao longo dos 4,5 bilhões de anos de sua história. [N.A.]

intensificará o degelo. Se, ao contrário, por alguma razão, esfriar, aumenta a superfície coberta por gelo, o que leva a um aumento de refletividade; com isso, a temperatura cai mais ainda, causando um crescente aumento da superfície refletora e realimentando o ciclo.

Os mecanismos de retroalimentação positiva são desestabilizadores, uma vez que amplificam as causas das mudanças climáticas que provocam. Mas o sistema climático também é dotado de mecanismos de retroalimentação negativa que atenuam as mudanças e estabilizam o clima. Sem esses mecanismos, o clima seria altamente instável. O mecanismo de retroalimentação negativa mais importante é a interação entre a temperatura de superfície e o fluxo de radiação infravermelha. À medida que a temperatura sobe, o fluxo cresce; mas, emitindo radiação infravermelha, a Terra esfria. Isso faz com que, em curto prazo, a Terra tenha estabilidade climática. Se, no entanto, alguma forçante do clima variar – por exemplo, se a luminosidade solar aumentar –, essa retroalimentação negativa não será mais suficiente para garantir a estabilidade (Archer, 2007). Em seguida, veremos como um poderoso agente de retroalimentação negativa foi capaz de manter a estabilidade climática da Terra na escala de tempo dos milhões de anos.

O ciclo do carbono de longa duração e a estabilidade climática da Terra

O CO_2 é continuamente reciclado entre a atmosfera, as plantas, os animais e os solos. As plantas retiram CO_2 da atmosfera durante a fotossíntese e emitem O_2. Os animais respiram O_2 e emitem CO_2. As bactérias decompõem as plantas e os animais mortos, devolvendo o CO_2 para a atmosfera. Fotossíntese de um lado; respiração e decomposição da matéria orgânica, de outro; os elementos estão mais ou menos balanceados, de modo que os teores de O_2 e CO_2 permanecem razoavelmente constantes. A equação

$$CO_2 + H_2O \leftrightarrow CH_2O + O_2,$$

em que CH_2O representa a matéria orgânica, exprime de modo simplificado esse equilíbrio, que é parte do chamado "ciclo orgânico do carbono", com o qual todos estão familiarizados: ele ocorre a nossas vistas, em uma escala de tempo compatível com a experiência humana.

No entanto, considerando a escala temporal de longa duração – milhões de anos –, houve um certo desbalanceamento entre produção e consumo de CO_2. Uma pequena parte da matéria orgânica produzida foi soterrada nos solos e nos sedimentos oceânicos, tendo escapado, assim, à degradação. Com isso, sobrou O_2 na atmosfera, que foi se acumulando ao longo de milhões de anos. Esse processo foi o responsável pela atmosfera oxigenada que existe hoje.

Outro elo muito importante do ciclo do carbono na escala de longa duração é essencialmente inorgânico: o ciclo carbonato-silicato (Figura 2).

Esse é o processo pelo qual o CO_2 é incorporado nas rochas a partir da atmosfera, por meio da precipitação do carbonato de cálcio nos oceanos, sendo posteriormente devolvido à atmosfera pelo vulcanismo. Considere-se inicialmente a retirada do CO_2 da atmosfera. Isso ocorre a partir da dissolução do CO_2 atmosférico nas águas da chuva, que produz o ácido carbônico. Este ataca as rochas silicáticas da crosta terrestre, em um processo denominado "intemperismo".

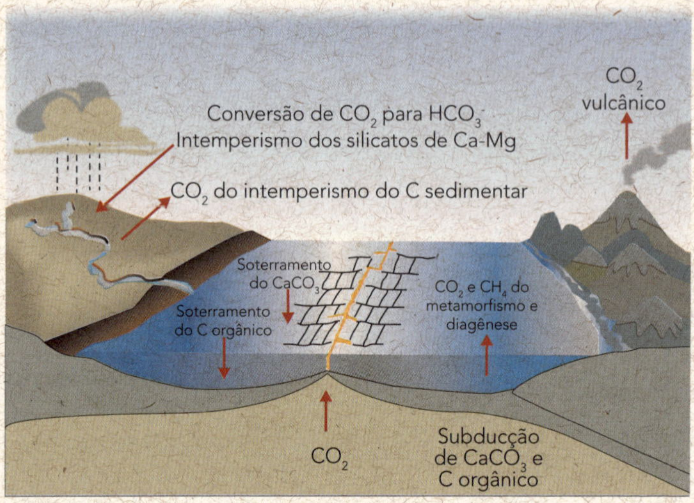

Figura 2. Ciclo carbonato-silicato.
Fonte: Adaptado de Berner, 2004.

Os produtos da dissolução das rochas são transportados pelos rios, chegam ao oceano, onde se recombinam como carbonato de cálcio e formam as minúsculas conchas dos componentes dos organismos do plâncton marinho. Quando estes morrem, as conchas afundam, parte delas se dissolve, mas parte chega ao fundo oceânico, onde se acumulam, formando as rochas calcárias. O CO_2 poderia ficar indefinidamente aprisionado no fundo oceânico, não fosse a dinâmica crustal, que cria e destrói os fundos oceânicos, como ensina a Teoria da Tectônica de Placas. Assim, o destino da placa oceânica, onde repousam os carbonatos, é voltar para o manto terrestre. Nessas condições, a rocha carbonática reage com a sílica e regenera os silicatos de cálcio e magnésio, emitindo CO_2. Esse processo denomina-se "metamorfismo". O CO_2 é emitido pelos vulcões, completando assim o ciclo.

Na escala de tempo em que esse ciclo opera – milhões de anos –, o CO_2 funciona como retroalimentação negativa, isto é, a intensidade do intemperismo é regulada pela concentração do CO_2 atmosférico (Walker, Hays & Kasting, 1981). Quando a temperatura da Terra sobe, o ciclo da água se acelera – em temperaturas mais altas, a atmosfera suporta uma quantidade maior de vapor d'água que em temperaturas mais baixas. Isso gera mais chuva, o que intensifica o intemperismo. Com a consequente remoção de mais gás carbônico da atmosfera, o efeito estufa diminui e a temperatura cai. Se, ao contrário, o clima esfria, o ciclo da água fica mais lento, o intemperismo se torna menos eficiente e menos CO_2 é retirado da atmosfera. O efeito estufa é intensificado, e a temperatura sobe. Dessa forma, a resposta do ciclo do carbono é tal que sempre se opõe à perturbação inicial, no sentido de restaurar a situação prévia. Assim, o CO_2 funciona como um termostato, estabilizando o clima da Terra em escalas temporais de milhões de anos. E foi provavelmente por essa razão que as temperaturas da superfície não oscilaram muito além da faixa de estabilidade da água líquida, propiciando condições favoráveis à vida há pelo menos 3,8 bilhões de anos.

Acima foi dito que esse elo do ciclo do carbono que controla o clima é essencialmente inorgânico, mas foi assinalado que a precipitação do carbonato de cálcio envolve os organismos do plâncton marinho. Isso parece uma contradição, mas não é. Em primeiro lugar, o carbono precipitado nas carapaças desses organismos está em forma de carbonato, que é carbono inorgânico. Em segundo lugar, a existência de organismos é um fator importante para a precipitação dos carbonatos, mas estes também podem precipitar diretamente a partir de íons dissolvidos na água do mar.

O paradoxo do jovem Sol fraco

A teoria da evolução estelar indica que nosso Sol era menos luminoso no início de sua história, irradiando uma quantidade menor de energia do que faz hoje. Isso ocorre porque o Sol é uma estrela formada há 4,6 bilhões de anos, que vem queimando hidrogênio em hélio com consequente aumento de temperatura de seu núcleo e aumento de sua densidade à medida que envelhece. Em virtude disso, a quantidade de energia irradiada hoje é cerca de 30% maior que na época de sua formação. Se a essa redução do fluxo solar no topo da atmosfera há 4,5 bilhões de anos for aplicada a fórmula de cálculo da temperatura da Terra utilizada no tópico "O balanço energético", considerando o mesmo albedo de 30% e o mesmo efeito estufa de 33 °C, será obtido um valor de -7 °C, o que está bem abaixo do ponto de congelamento da água. Se for calculado um modelo de evolução climática desde a origem da Terra até o momento atual, levando-se em conta apenas a evolução da luminosidade solar, veremos que a temperatura média da superfície terrestre teria sido inferior à do ponto de congelamento da água durante pelo menos seus 2 bilhões de anos iniciais, isto é, durante toda a primeira metade de sua história.

Todavia, há evidências de que a Terra teve condições para a existência de água líquida ao longo de toda sua história. Essas evidências provêm principalmente do registro geológico, onde se encontram minerais (zircões de 4,4 bilhões de anos), que guardam características químicas e isotópicas típicas de formação em meio aquoso, e rochas sedimentares de 3,8 bilhões de anos também formadas em meio aquoso.

Esse paradoxo entre as consequências climáticas da teoria da evolução estelar e a evidência geológica pode encontrar uma resposta plausível na possibilidade de a Terra primitiva ter tido uma atmosfera carregada de gases de efeito estufa que a teriam mantido aquecida de modo a compensar a baixa luminosidade solar (Kasting, 2010). O principal gás de efeito estufa capaz de cumprir esse papel é o CO_2, que deveria estar presente em concentrações bem superiores às atuais, pois o vulcanismo, sua principal fonte, era mais intenso na Terra primitiva. E, de fato, há várias evidências que indicam que na atmosfera primitiva esse gás era muito mais abundante. No entanto, os modelos quantitativos mostram que apenas o CO_2 não seria suficiente para manter a Terra aquecida a ponto de preservar a água líquida. Deve ter havido a associação de outro gás de efeito estufa para cumprir esse papel.

A maior probabilidade é que esse outro gás fosse o metano, que seria estável em uma atmosfera sem oxigênio como a daquela época. Uma provável fonte para o metano são os organismos metanogênicos, uma das formas de vida mais primitivas. Assim como o CO_2, o metano na atmosfera também está sujeito a um mecanismo de retroalimentação negativa de efeito estabilizador. A partir de certo nível de concentração de metano na atmosfera, forma-se uma bruma em torno do planeta, que absorve e reirradia a luz solar de volta para o espaço. Isso resfria o planeta, tornando-o menos confortável para os organismos metanogênicos, o que leva à diminuição da produção de metano e ao desaparecimento da bruma. O metano teria, assim, contribuído para manter a Terra aquecida durante a primeira metade de sua história, com sua quantidade regulada pela retroalimentação negativa da bruma de antiefeito estufa. Esse seria um belo exemplo de processo biológico atuando como estabilizador do clima da Terra.

Alternativamente a essa explicação, Rosing e seus colaboradores (2010) propõem que na Terra primitiva a luminosidade solar mais baixa seria compensada pelo albedo menos intenso. A diminuição da intensidade do albedo seria causada pela ausência de nuvens consequente da escassez de núcleos de condensação biologicamente induzidos e pela menor área de crosta continental.

O que aconteceu com Marte e Vênus

Porque nossos vizinhos próximos, os planetas rochosos Vênus e Marte, são tão impróprios para a vida – um deles é quente demais; o outro é gelado –, enquanto a Terra aparentemente teve, ao longo de seus 4,5 bilhões de anos, condições tão amenas e propícias para a existência de água líquida, que é essencial para a evolução e a manutenção da vida? Essa questão aparece na Planetologia Comparada como o problema de Goldilocks.[3] O fato de Vênus estar muito próximo do Sol, e Marte muito afastado, certamente é parte da resposta, mas não explica tudo (Kasting, 2010).

Vênus é chamado de "planeta irmão" da Terra porque é nosso vizinho mais próximo, encontrando-se a uma distância de 0,72 UA, e tem massa muito semelhante à da Terra (81% da massa da Terra). Mas sua temperatura média é de 460 °C, bem acima da temperatura crítica da água (temperatura acima da qual não há diferença entre fase líquida e vapor), que é de 374 °C. Sua atmosfera é cerca de cem vezes mais densa que a da Terra e é composta essencialmente por

---

[3] Goldilocks refere-se a uma história infantil que usa o recurso literário denominado "regra dos três", o qual joga com a ideia de que há sempre uma terceira via, que seria a correta, entre dois caminhos opostos.

gás carbônico, com pequena quantidade de nitrogênio e praticamente sem nenhum traço de água. Como Vênus deve ter se formado de modo semelhante ao da Terra, com a contribuição de planetésimos hidratados, é de se supor que tenha tido água em sua origem. Mas, como sua superfície já era quente em razão da proximidade do Sol, a água devia estar em estado de vapor.

Os modelos para a evolução da atmosfera dos planetas terrestres indicam que em Vênus, à medida que o vapor d'água aumentava na atmosfera, intensificava-se o efeito estufa, de modo que nunca foi possível o vapor tornar-se água líquida. Teria acontecido, então, a subida do vapor d'água para regiões mais altas da atmosfera, onde ocorreu a fotodissociação, isto é, a quebra das moléculas de água pela radiação ultravioleta proveniente do Sol. Por ser leve, o hidrogênio assim produzido escapou para o espaço, e o oxigênio reagiu com as rochas da superfície, principalmente com o ferro, que se oxidou e tornou-se vermelho, dando a Vênus sua cor característica. Sem água, não ocorrem reações de intemperismo. O gás carbônico que foi sendo emitido pelos vulcões acumulou-se na atmosfera, promovendo mais efeito estufa e aquecendo ainda mais a superfície do planeta. Assim, Vênus teria perdido sua água logo após sua formação, o que teria impedido a remoção do gás carbônico para a litosfera – causada pela precipitação dos carbonatos – como aconteceu na Terra, fazendo com que todo o gás se acumulasse na atmosfera. O resultado é o planeta quente e seco que vemos hoje.

Marte, a 1,52 UA do Sol, é bem menor que a Terra, tendo apenas 1/9 de sua massa. Sua superfície também é desprovida de água, embora apresente calotas de gelo de H_2O e CO_2 em seus polos. Sua atmosfera é semelhante à de Vênus, composta essencialmente por gás carbônico, com um pouquinho de nitrogênio, mas a pressão atmosférica em Marte é muito tênue, cerca de 1/100 da pressão da Terra, e a temperatura média da superfície é de -55 °C.

As imagens obtidas nas muitas missões espaciais destinadas a Marte mostraram vales análogos aos vales terrestres. A formação dessas formas do relevo faz supor um clima suficientemente quente para a que a água líquida tivesse fluído na superfície do planeta. A estimativa do período de formação desses vales indica que o período quente e úmido da história climática de Marte foi bastante precoce, anterior a 3,8 bilhões de anos. No entanto, com um Sol mais fraco nessa época, recebendo uma quantidade de radiação solar bem menor que a recebida pela Terra e por estar bem mais afastado do Sol, fica difícil imaginar como Marte poderia ter tido sua superfície aquecida. Os gases de efeito estufa, principalmente o gás carbônico, com certeza tiveram um papel importante, mas essa questão não está bem esclarecida. Além disso, seguramente a atmosfera primitiva de Marte não foi capaz de assegurar por muito tempo uma temperatura mais alta e compatível com a existência de água líquida na superfície. Isso provavelmente se deve ao fato de Marte ser um planeta pequeno, que perdeu seu calor interno muito mais rapidamente que planetas do tamanho da Terra, e com isso sua atividade vulcânica e a emissão de gás carbônico para a atmosfera cessaram logo. O que havia desse gás no início de sua história foi transferido para as rochas pelo intemperismo e Marte acabou seco e frio.

Assim, o problema de Goldilocks não tem uma resposta simples. No caso de Vênus, a proximidade do Sol parece ter sido suficiente para explicar a perda completa de todo o estoque de sua água original. No caso de Marte, no entanto, o fato de ser pequeno e ter se resfriado rapidamente é o que parece ser o fator mais crítico para a impossibilidade de existência de água no estado líquido ao longo da maior parte de sua história.

Evolução da atmosfera terrestre e evolução da vida

Acredita-se que a maior parte dos gases que compunham a atmosfera mais primitiva do nosso planeta veio dos planetésimos do cinturão de asteroides situado entre Marte e Júpiter. Eles teriam se juntado à Terra em sua fase final de formação. Não está excluída a hipótese de que uma pequena parte da água e de outros voláteis tenha sido acrescentada por cometas vindos de partes mais distantes do sistema solar.

Admite-se que a composição da atmosfera primitiva da Terra teria sido semelhante à dos outros planetas terrestres, com muito gás carbônico e nitrogênio, além de traços de metano que, como foi dito, foi um gás importante para dar conta do efeito estufa necessário para aquecer o planeta quando a luminosidade do sol era mais fraca. A abundância de CO_2 é confirmada, por exemplo, pela presença de nahcolita, mineral caracteristicamente formado sob atmosferas ricas nesse gás, e que está presente em sedimentos de 3,4 bilhões de anos. O gás que certamente estava ausente da atmosfera primitiva era o oxigênio.

A primeira documentação sistemática do aparecimento de oxigênio na atmosfera terrestre foi apresentada por Cloud (1972), que mostrou que arenitos formados em meio rico em oxigênio, as chamadas camadas vermelhas (são vermelhas porque contêm ferro em sua forma oxidada), só aparecem no registro geológico em rochas com menos de 2 bilhões de anos. Antes disso, os arenitos eram cinzentos, porque o ferro se encontrava em forma reduzida, indicando que não havia oxigênio na atmosfera.

Por outro lado, sedimentos portadores de minerais caracteristicamente formados em meio redutor, e que se degradam em meio oxigenado, como a pirita e a uraninita, cessaram sua formação há cerca de 2 bilhões de anos. Essas observações sustentam a hipótese de uma atmosfera praticamente desprovida de oxigênio desde o início da história da Terra até cerca de 2 bilhões de anos atrás, e de um significativo aumento na concentração de oxigênio na atmosfera a partir dessa época. Várias outras linhas de evidência confirmaram a hipótese de Cloud e detalharam melhor a gênese e a evolução do oxigênio na atmosfera terrestre, mostrando que o aumento da concentração desse gás ocorreu com a concomitante redução dos níveis de CO_2. Além disso, datações mais recentes e precisas colocaram a transição de uma atmosfera anóxica para uma atmosfera oxigenada em 2,4 bilhões de anos, e a denominaram de "Grande Evento de Oxidação" (Holland, 2002). Nesse evento, a concentração do oxigênio passou bruscamente de praticamente zero a 1% da concentração atual. Embora haja ainda muita dúvida a respeito dos mecanismos pelos quais se processou a oxigenação da atmosfera, uma coisa é certa: a única fonte possível para o oxigênio é a fotossíntese, a partir da quebra da molécula de água.

É provável que a vida tenha emergido na Terra antes do aparecimento dos primeiros fósseis, que datam de 3,5 bilhões de anos, mas o momento exato de seu início e os detalhes desse processo permanecem muito nebulosos. É improvável que tenha surgido logo no início da história da Terra, próximo de sua formação, há 4,6 bilhões de anos, pois nos primeiros 700 milhões de anos a Terra foi sujeita a forte chuva de meteoritos, que só se amenizou após o episódio conhecido como "Último Bombardeamento Pesado", há 3,9 bilhões de anos. Esse evento atingiu toda a superfície da Terra e não deixou nenhum vestígio da antiga crosta, de forma que a mais antiga sequência de rochas sedimentares a que se tem acesso data de 3,8 bilhões de anos. São as rochas de Isua, na Groenlândia, que sofreram muitas transformações, mas ainda guardam um mineral – a grafita –, que é composto de carbono e que pode ter sido, na época de sua formação, matéria orgânica. De fato, os isótopos do carbono que compõem esse mineral indicam que sua proveniência é orgânica, isto é, que já devia haver atividade biológica na Terra há pelo menos 3,8 bilhões de anos. Isso coloca uma janela de cerca de 100 milhões de anos, que vai de 3,9 a 3,8 bilhões de anos, para o momento do aparecimento da vida na Terra. Alternativamente, é possível pensar que a vida pode ter surgido mais cedo, mas só ter tido condições de se estabelecer a partir do final do período de bombardeamento meteorítico intenso.

Os fósseis mais antigos, de idades entre 3,0 e 3,5 bilhões de anos, consistem em estromatólitos, formações calcárias das quais a morfologia, a estrutura e o contexto ambiental permitem atribuí-las à atividade de microrganismos fotossintéticos, as cianobactérias. Como já foi visto, a fotossíntese é o processo pelo qual os organismos usam a energia da luz do sol para sintetizar as substâncias necessárias a sua vida. É possível que uma forma de fotossíntese anoxigênica (que não produz oxigênio) tivesse precedido a fotossíntese oxigênica, que é mais complexa. Mas, como esta última usa a água, que é virtualmente inesgotável nos oceanos, onde as primeiras formas de vida se desenvolveram, a invenção da fotossíntese oxigênica permitiu que a produtividade biológica crescesse dramaticamente. Além disso, também pavimentou o caminho para os organismos superiores que iriam utilizar o oxigênio para a respiração.

Acredita-se que os primeiros organismos capazes de fazer fotossíntese oxigênica foram as cianobactérias, pertencentes a um dos três ramos da árvore da vida, Bacteria (os outros dois ramos são Archaea e Eukarya: Figura 3). Eram seres bastante primitivos, procariontes, isto é, células sem núcleo individualizado. Seus análogos atuais têm a capacidade de fazer tanto a fotossíntese anoxigênica quanto a oxigênica, dependendo dos produtos que o meio oferece. Vários indicadores geoquímicos encontrados nas rochas dão indicações mais diretas de que as cianobactérias já estavam presentes na Terra há pelo menos 2,8 bilhões de anos. As células eucariontes (pertencentes ao ramo Eukarya: Figura 3), portadoras de núcleo individualizado e geralmente dependentes de oxigênio para viver, teriam surgido pouco depois.

Outra comunidade de microrganismos procariontes que floresceu nos primórdios da história da Terra foi a dos metanogênicos. São organismos anaeróbicos, encontrados atualmente em restritos ambientes redutores, tais como o trato digestivo de bovinos ou os solos alagados das plantações de arroz. Pertencem ao ramo Archaea (Figura 3), e provavelmente evoluíram muito cedo na história da Terra.

Em uma atmosfera desprovida de oxigênio, como era a atmosfera terrestre até pelo menos há 2,4 bilhões de anos, o metano podia ser muito mais estável e abundante do que é hoje. Atualmente, o metano tem vida média de apenas 10 a 12 anos na atmosfera (porque ele reage com o oxigênio).

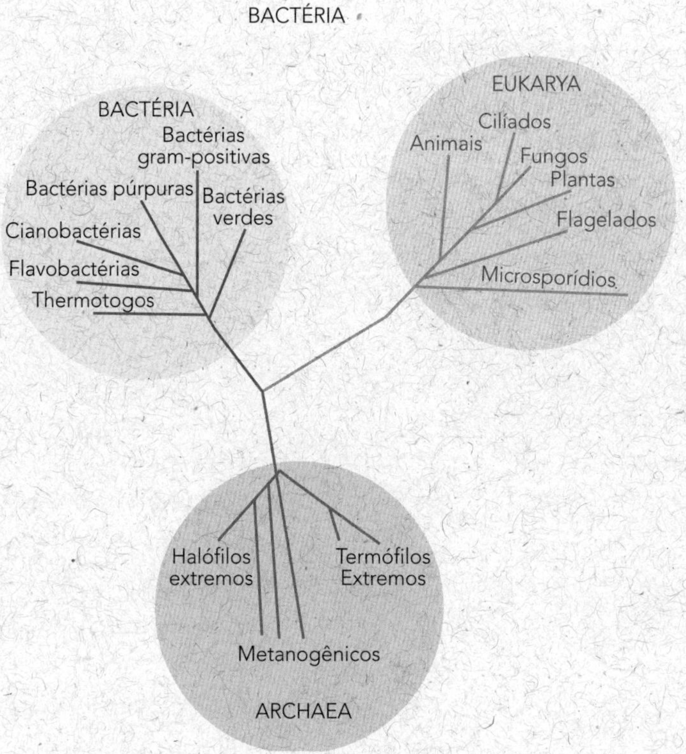

Figura 3. Árvore filogenética universal desenvolvida a partir do RNA ribossômico.

O fluxo de metano atual, proveniente de fontes biogênicas, origina uma concentração de 1,7 ppm na atmosfera. Em uma atmosfera anóxica, sua vida média seria da ordem de 10.000 anos e, considerando o mesmo fluxo, a concentração de metano superaria 1.000 ppm. Portanto, o metano na Terra primitiva seria suficiente para produzir cerca de 15 °C de efeito estufa, o necessário para complementar o papel do CO_2 no aquecimento do planeta iluminado por um sol mais fraco.

A partir de 2 bilhões de anos, o oxigênio já é mais abundante na atmosfera, suficiente para a formação da camada de ozônio que vai proteger a Terra da radiação ultravioleta, o que certamente contribuirá para a disseminação da vida na superfície. Com a crescente intensificação da luminosidade solar, intensifica-se o intemperismo, e, por esse processo, o gás carbônico vai sendo retirado da atmosfera. Apesar de importantes flutuações, a tendência geral, a partir de 2 bilhões de anos até o presente, é de aumento da concentração de oxigênio e diminuição da concentração de CO_2 na atmosfera. Há 540 milhões de anos, já havia 10% do oxigênio existente atualmente, isto é, a concentração do oxigênio era de 2,1%, o que permitiu o aparecimento de organismos bastante evoluídos, portadores de carapaças carbonáticas. Nesses últimos 500 milhões de anos, o oxigênio subiu rapidamente e os Eukarya se diversificaram na enorme variedade de formas de vida que conhecemos hoje. Nossa atmosfera atual tem cerca de 78% de nitrogênio, 21% de oxigênio, 1% de argônio, 390 ppm de gás carbônico e 1,7 ppm de metano.

Lovelock (1979) afirmou que a atmosfera atual é uma atmosfera em desequilíbrio, fortemente modificada pela presença da vida na Terra. Com isso, ele quis dizer que seria impossível manter em presença do oxigênio um gás reduzido, como o metano, se ele não fosse continuamente gerado por organismos. Caso contrário, o metano seria todo oxidado pelo oxigênio e não subsistiria na atmosfera. Levando mais longe esse argumento, é possível afirmar que existe uma interação de longo prazo entre os organismos vivos e a atmosfera, de modo que, de certa forma, a atmosfera é um produto da vida. Por outro lado, a atmosfera também influenciou o clima da Terra, mantendo-o estável dentro dos limites que permitiram a existência de água líquida pelo menos por 4,4 bilhões de anos. E a água é importante não só para a presença de vida na Terra, mas também porque ela permite a geração das rochas da crosta continental e a formação dos continentes (Rollinson, 2007), provendo, assim, um habitat importantíssimo para a evolução e a diversificação da vida.

Vale a pena ponderar: provavelmente, a Terra teria um clima igualmente estável na ausência de vida, já que o funcionamento do ciclo do carbono de longa duração – mecanismo essencial no controle do clima – não é estritamente dependente da biosfera. Apesar disso, Lovelock chama a atenção para o papel da vida nesse ciclo, pois o intemperismo, que remove o CO_2 atmosférico, é influenciado pelos organismos do solo. Estes, pela respiração das raízes e pela degradação das plantas e animais mortos, fazem com que o teor de CO_2 nos poros dos solos seja muitas vezes superior ao da atmosfera, o que aumenta a taxa do intemperismo. A produção dos ácidos húmicos também é fator de intensificação do intemperismo e da consequente retirada de CO_2 da atmosfera. Mas o fato é que, mesmo em uma Terra sem vida, o ciclo carbonato-silicato ainda operaria, talvez de forma mais ineficiente, atingindo estabilidade em temperatura média um pouco mais elevada, porém provavelmente dentro dos limites para a existência de água líquida (Nisbett, 2002).

A interrupção da estabilidade climática da Terra: glaciações

Vimos que a estabilização do clima da Terra na escala dos milhões de anos está ligada aos mecanismos de retroalimentação negativa do ciclo do carbono, um deles envolvendo o CO_2 e o outro envolvendo o metano. O primeiro é essencialmente abiótico, embora certamente seja intensificado pela presença dos organismos. De qualquer forma, continua e continuará atuando enquanto houver água líquida para promover o intemperismo e calor interno da Terra para promover o vulcanismo. O mecanismo envolvendo o metano é essencialmente biótico, dependente dos organismos metanogênicos, e atuou efetivamente apenas na primeira metade da história da Terra.

Mas o clima da Terra, de modo geral estável e relativamente quente, foi interrompido algumas vezes por episódios de resfriamento intenso, que levaram ao estabelecimento de geleiras permanentes nos polos por um intervalo de tempo considerável. São as eras glaciais, que serão comentadas a seguir com a finalidade de evidenciar mecanismos capazes de romper e restabelecer a estabilidade climática.

O metano e as primeiras glaciações

O registro geológico aponta uma idade de 2,4 bilhões de anos para os primeiros episódios glaciais da história da Terra, que até essa época provavelmente gozava de clima mais quente que o atual, propiciado pelo eficiente efeito estufa resultante de concentrações elevadas de CO_2 e metano.

Como já foi dito, 2,4 bilhões de anos é a data do Grande Evento de Oxidação, quando a atmosfera da Terra evidenciou pela primeira vez a presença de oxigênio. De fato, as rochas glaciais desse evento estão situadas imediatamente acima de rochas formadas em meio tipicamente redutor (sem oxigênio), e estão recobertas por rochas características de meio oxidante (com oxigênio), como os arenitos vermelhos. Portanto, a glaciação e o aumento do oxigênio na atmosfera parecem estar relacionados. Uma possível explicação para isso seria o seguinte: quando as cianobactérias começaram a produzir oxigênio, o metano teria perdido a estabilidade, sua meia--vida na atmosfera teria se reduzido e sua concentração teria caído. Com a queda do metano, que tinha um papel importante como gás de efeito estufa na atmosfera primitiva, teria havido rápido resfriamento da atmosfera, causando a glaciação. Isso teria restringido os ambientes nos quais os próprios organismos metanogênicos, geralmente termofílicos, podiam sobreviver, restringindo assim a produção do gás.

Considerando-se que essa interpretação esteja correta, é interessante assinalar o forte controle biológico do clima antigo. Mas é um controle que ora favorece a estabilização do clima (organismos metanogênicos), ora provoca sua ruptura (emergência das cianobactérias fotossintéticas).

O albedo e a "Terra Bola de Neve"

Estudos teóricos sobre o albedo do gelo indicam que, se as calotas polares se expandirem em direção a latitudes mais baixas, o albedo cresce exponencialmente. Isso acontece porque a área do globo cresce exponencialmente com a latitude, e a insolação também cresce com a latitude, resultando em uma quantidade muito maior de energia solar refletida para o espaço. Modelos climáticos bastante simples são capazes de mostrar que a latitude critica é de 30º, de modo que, a partir daí, o sistema se torna instável, o gelo se expande descontroladamente e os oceanos congelam completamente até a linha do Equador.

Esse modelo teórico serve para explicar as evidências geológicas que indicam que a Terra passou por pelo menos duas glaciações globais, ou seja, que esteve por duas vezes completamente coberta de gelo. Esses eventos teriam ocorrido há 730 e 610 milhões de anos, e são conhecidos como eventos "Terra Bola de Neve" (Snowball Earth). As principais evidências geológicas desses eventos são os depósitos glaciais distribuídos pelos antigos continentes que ocupavam posições nos trópicos e mesmo na altura da linha do Equador. Esses sedimentos são compostos por sequências com características tipicamente glaciais, cobertos por rochas carbonáticas, que não são comuns nos ambientes glaciais. Ao contrário, essas rochas formam-se em águas tépidas, em razão da diminuição da solubilidade do carbonato de cálcio com o aumento da temperatura.

Como rochas de ambientes tão contrastantes estão em contato tão próximo? Esse contato revela que se formaram em sequência, primeiramente as rochas glaciais, e, em seguida, os carbonatos. Para responder a essa questão, é preciso considerar que, durante uma glaciação que cobriu toda a Terra, o intemperismo dos continentes deve ter cessado inteiramente, e o CO_2 emitido pelos vulcões deve ter se acumulado na atmosfera. Após alguns milhões de anos, o efeito estufa tornou-se tão intenso que foi capaz de fundir o gelo, levando a uma completa deglaciação. Com isso, o intemperismo foi retomado e continuou até que o excesso de CO_2 atmosférico fosse removido pela precipitação dos carbonatos, o que ocorreu em superposição às rochas glaciais.

Um aspecto muito interessante a ser ressaltado é que, apesar de condições climáticas tão extremas, a vida não se extinguiu. Prova disso é que se encontram os mesmos tipos de microfósseis de algas acima e abaixo das sequências glaciais. Uma hipótese plausível para explicar a permanência da vida durante um evento climático tão extremo é a de que, nas áreas equatoriais, a camada de gelo sobre a água líquida era suficientemente fina para deixar passar a luz do sol, permitindo a fotossíntese. Por outro lado, é possível que algumas formas de vida tivessem sido conservadas nas fendas do fundo oceânico, onde a temperatura é sempre bem superior a 0 °C.

Em resumo, no caso das glaciações antigas do tipo "Terra Bola de Neve", é razoavelmente estabelecido que o que faz a Terra sair da glaciação é a retroalimentação negativa do gás carbônico do ciclo carbonato-silicato. Entretanto, o que não fica claro é o que desencadeia o evento, isto é, por que a Terra esfria a ponto de o gelo atingir a latitude de 30°.

A mais longa glaciação da história da Terra

Há 330 milhões de anos, a Terra conheceu sua mais longa glaciação, que envolveu 5 massas continentais: América do Sul, África, Antártica, Austrália e Índia, e durou 75 milhões de anos. Essas massas continentais estavam soldadas em um único bloco, que constituía o antigo supercontinente conhecido pelo nome de Gondwana. No Brasil, há excelentes evidências dessa glaciação, representadas por rochas características do ambiente glacial que afloram a pouco mais de 100 km da cidade de São Paulo e que estão preservadas no Parque do Varvito, no município de Itu.

A glaciação do Gondwana iniciou-se à medida que o supercontinente migrava para latitudes mais altas, no hemisfério Sul. As reconstituições paleogeográficas indicam que entre 350 e 255 milhões de anos, parte do Gondwana situou-se nas proximidades do polo Sul geográfico, o que foi um fator determinante para o desenvolvimento das geleiras.

Por outro lado, a colonização dos continentes pelas florestas, que surgiram há cerca de 350 milhões de anos, acelerou o intemperismo, intensificando a retirada do CO_2 da atmosfera. Além disso, o soterramento de enormes quantidades de matéria orgânica (que deram origem aos importantes depósitos de carvão datados dessa época) também contribuiu para retirar CO_2 da atmosfera. Tudo isso levou a uma redução geral da temperatura da Terra nesse período (Berner, 2004), o que desencadeou a glaciação. Embora o gás carbônico seja sempre devolvido à atmosfera pelos vulcões e pelo intemperismo de materiais orgânicos expostos à superfície, durante a glaciação esse processo inverso foi amplamente superado pela retirada desse gás pela vegetação.

Portanto, na glaciação gondwânica, a mudança climática é ocasionada pelo efeito das forças tectônicas movendo os continentes em direção aos polos associado a um evento singular no quadro geral da evolução da vida – a emergência das plantas vasculares.

Os ciclos de Milankovitch e a glaciação recente

O polo Sul da Terra está coberto de gelo há cerca de 35 milhões de anos; o polo Norte, há pouco menos de 3 milhões de anos, quando se instalou um regime cíclico de avanço e recuo do gelo, em função da flutuação da temperatura. A consequência disso é muito evidente no hemisfério Norte, onde há continentes em latitudes mais altas – que são cobertos por geleiras nos períodos de avanço do gelo. No presente, as temperaturas são relativamente mais elevadas, pois a Terra se encontra em período de recuo do gelo. O período interglacial atual iniciou-se há cerca de 10 mil anos.

No século XIX, foi aventada a ideia de que os avanços e recuos do gelo estariam ligados a variações na insolação, as quais, por sua vez, estariam relacionadas a variações na órbita da Terra. Mas foi somente no início do século XX que o matemático sérvio Milutin Milankovitch apresentou uma formulação matemática mais completa para essa teoria. Os parâmetros orbitais relevantes (Figura 4) são a excentricidade (forma da órbita da Terra), a obliquidade (inclinação do eixo da Terra) e a precessão (rotação do eixo da Terra), cujos períodos dominantes são 100 mil anos e 400 mil anos para a excentricidade, 41 mil anos para a obliquidade e 23 mil para a precessão.

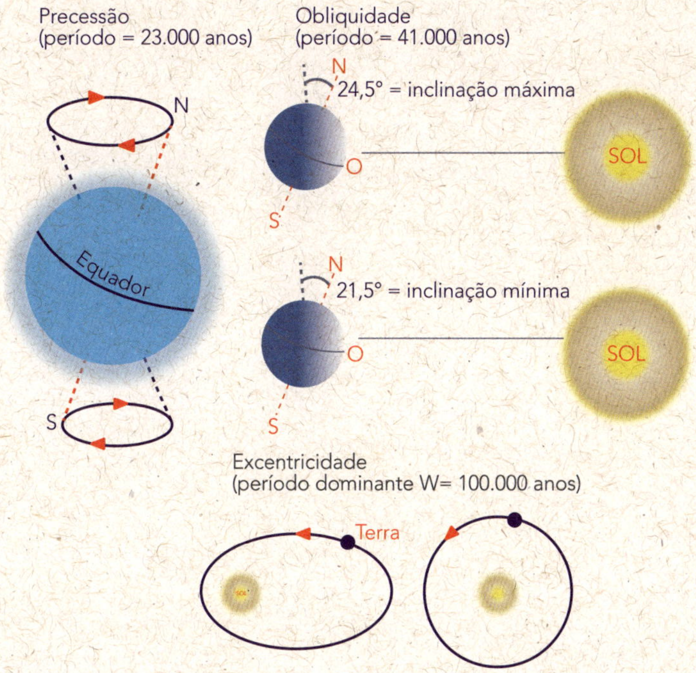

Figura 4. Ciclos de Milankovitch: excentricidade, obliquidade e precessão.

Com a variação da excentricidade, a órbita fica mais elíptica ou mais circular. Quanto maior for a excentricidade, maior será a diferença de insolação entre o peri-hélio (posição da Terra mais próxima do Sol) e o afélio (posição da Terra mais afastada do Sol). Atualmente, a órbita da Terra está com baixa excentricidade e fica no peri-hélio durante o verão do hemisfério Sul.

A obliquidade do eixo da Terra, isto é, a inclinação do eixo em relação ao plano de rotação, varia de 22º a 25º, e é responsável pela intensidade da sazonalidade. Ou seja, quanto maior for a obliquidade, maior será o contraste entre verão e inverno. Atualmente, a obliquidade é de 23,5º.

A precessão relaciona-se com a oscilação do eixo de rotação da Terra, que pode apontar mais ou menos diretamente para o Sol. Na posição atual, no verão do hemisfério Sul, o eixo da Terra aponta mais diretamente para o Sol. Pela combinação dos três parâmetros, Milankovitch calculou a insolação recebida ao longo do tempo pelas várias latitudes.

Como a maior área continental está no hemisfério Norte, os períodos de avanço do gelo aconteceriam quando a insolação é mínima nos verões desse hemisfério, em decorrência de uma configuração favorável dos parâmetros orbitais: Terra no afélio, inclinação mínima e eixo apontado menos diretamente para o Sol. Em verões relativamente mais frios no hemisfério Norte, o gelo do inverno anterior não derrete completamente e vai se acumulando ao longo dos anos. Por outro lado, os períodos de degelo ocorreriam quando a insolação é máxima no verão do hemisfério Norte.

A teoria de Milankovitch recebeu importante confirmação pelos dados publicados em 1976 por Hayes, Imbrie e Shackelton, em um trabalho que é considerado um marco fundamental na Paleoclimatologia. Os autores, analisando sedimentos marinhos depositados nos últimos 300 mil anos, mostram que as mudanças em sua composição isotópica (que refletem mudanças na temperatura da água do mar) oscilam com a periodicidade predita pela teoria. Mais tarde, foram surgindo novas confirmações da teoria, abrangendo os últimos 2,8 milhões de anos.

Entretanto, constatou-se que as variações de intensidade da insolação não eram suficientes para produzir as diferenças de temperatura registradas em um período de avanço máximo e um período de recuo máximo do gelo, que é estimada em até 10 °C. Certamente, mecanismos de retroalimentação positiva ampliam o efeito da variação de luminosidade solar – entre eles, o mais evidente é o albedo do gelo. Quanto mais o gelo avança, mais luz é refletida, diminuindo a parcela de energia absorvida pela Terra e, com isso, contribuindo para baixar mais ainda a temperatura. No degelo, o efeito oposto – a exposição do oceano, que tem baixa refletividade – faz aumentar a energia absorvida pela Terra e, com isso, aumenta-se a temperatura.

Há ainda outro mecanismo de retroalimentação positiva nos avanços e recuos do gelo, cuja descoberta ocorreu a partir da análise dos cilindros de gelo. Os cilindros de gelo são o produto de sondagens feitas nas geleiras, que trazem informações sobre a temperatura e a composição da atmosfera nos últimos 800 mil anos (Masson-Delmotte *et al.*, 2010). Esses dados indicam que, no início de um período glacial, quando a temperatura cai, a concentração de gás carbônico da atmosfera também cai (Figura 5), diminuindo o efeito estufa e intensificando a queda da temperatura. Por outro lado, na saída de um período glacial, quando a temperatura começa a subir, a concentração do CO_2 atmosférico também sobe, intensificando o efeito estufa e contribuindo para o aumento da temperatura. Nesse caso, o CO_2 tem papel de retroalimentação positiva, amplificando as mudanças climáticas, ao contrário do papel que exerce na escala dos milhões de anos, estabilizando o clima da Terra por meio do ciclo carbonato-silicato.

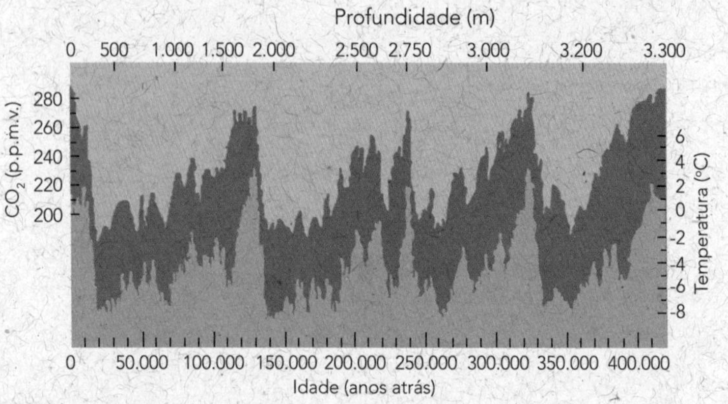

Figura 5. Registro da variação da temperatura na Antártica e da concentração do gás carbônico na atmosfera nos últimos 400 mil anos, a partir do testemunho de gelo de Vostok.
Fonte: Adaptado de Petit et al, 1999.

Uma possível explicação para esse comportamento do CO_2 se baseia em sua solubilidade na água, que aumenta com a diminuição da temperatura. Assim, quando esfria, mais CO_2 se dissolve nos oceanos; quando esquenta, o CO_2 é liberado dos oceanos para a atmosfera. Isso é parte da resposta, mas uma resposta mais completa deve envolver também a biogeoquímica dos oceanos e possivelmente estará ligada à expansão do plâncton decorrente de uma maior disponibilidade de nutrientes, quando a temperatura cai. Em outras palavras, a vida no oceano exerceria retroalimentação positiva nos ciclos glaciais-interglaciais, isto é, a vida nesse caso teria um efeito desestabilizador sobre o clima. Essas explicações são muito simplificadas e não consideram as mudanças na circulação oceânica que também afetam o ciclo do carbono, das quais ainda não há uma compreensão plenamente satisfatória (Archer, 2010).

Em síntese, está razoavelmente estabelecido que o mecanismo desencadeador de entrada e saída dos períodos glaciais ocorridos nos últimos 800 mil anos é a configuração orbital. No entanto, a glaciação e a deglaciação são fenômenos modulados também por outros fatores, entre os quais a retroalimentação positiva do albedo e do gás carbônico.

A Terra é Gaia?

Sem dúvida, a Terra é um planeta singular. Singular a ponto de Ward e Brownlee (2000) enunciarem um bom número de razões para defenderem a ideia de que dificilmente se encontrará vida inteligente em outros planetas. Embora essa tese seja bastante controversa e tenha sido brilhantemente contestada por Kasting (2001), vale a pena examinar as principais características que, segundo esses autores, fazem da Terra o único planeta habitado e talvez habitável de todo o universo.

A primeira delas é o fato de a Terra orbitar uma estrela que se situa em uma zona intermediária da Via Láctea, nem tão próxima de seu centro, nem em sua zona mais periférica. Os planetas que orbitam estrelas muito próximas do centro da galáxia têm mais chance de ter sua órbita perturbada por eventos catastróficos, como explosões de supernovas ou explosões de raios gama. Se a estrela estiver muito próxima do limite externo da galáxia, ela tem menos chance de conter elementos mais pesados que o hélio e, portanto, não terá planetas do tipo terrestre.

Além disso, o Sol não é uma estrela dupla, como a maioria das estrelas, e tem um tamanho adequado. As estrelas duplas muitas vezes não têm planetas, ou estes se situam fora da zona de habitabilidade (que será analisada a seguir). Quanto ao tamanho, planetas que orbitam estrelas menores que o Sol apresentam rotação capturada, isto é, mostram sempre a mesma face para a estrela, como a Lua em relação à Terra. Isso pode ocasionar um oceano congelado no lado escuro do planeta. Estrelas muito maiores também não desenvolvem planetas propícios para a vida, porque queimam rapidamente seu combustível nuclear e têm vida muito curta.

A Terra está na chamada zona de habitabilidade do Sistema Solar, isto é, na zona em torno da estrela em que há possibilidade de existência de água líquida. Essa zona deve ter sido continuamente habitável ao longo de toda a história do planeta, o que limita ainda mais a estreita faixa que, no nosso sistema solar, vai de 0,95 a 1,15 UA a partir do Sol.

Outro argumento importante que sustenta a tese da singularidade da Terra é estarmos em um sistema solar que contém um planeta gigante, Júpiter, com massa equivalente a 300 vezes a massa da Terra, e consequente enorme força gravitacional, o que teria desviado a maior parte dos cometas e outros corpos indesejados da trajetória da Terra. E, ao que parece, sistemas solares com planetas desse porte a distâncias adequadas do sol para prover a proteção requerida não seriam facilmente encontrados.

A existência de um satélite suficientemente grande é mais um fator que contribui para a habitabilidade da Terra. A Lua, formada a partir de um mecanismo altamente improvável de colisão da Terra com um corpo do tamanho de Marte, na fase final da acresção, produziu a estabilização da inclinação do eixo de rotação da Terra. Sem ela, a obliquidade do eixo variaria caoticamente de 0 a 85º, com implicações climáticas destrutivas para vida na Terra. Além disso, a inclinação e a velocidade de rotação do eixo da Terra, herdadas desse evento, deram origem ao dia e à noite, e às estações do ano, ciclos cruciais para a distribuição do calor no planeta, que tornam o clima da Terra mais favorável à existência da vida.

Possuir um campo magnético ajuda a desviar os raios cósmicos, que poderiam ser deletérios para a vida. O campo magnético presente na Terra e ausente em nossos vizinhos Marte e Vênus, talvez também tenha ajudado a impedir que a atmosfera tenha sido parcialmente perdida para o espaço, em interação com o vento solar.

Finalmente, a existência de água líquida, que não foi perdida, como no caso de Vênus, e não ficou congelada, como no caso de Marte, é condição essencial para a vida. Ward e Brownlee (2000) assinalam também que a atmosfera terrestre tem a quantidade certa de gás carbônico para sustentar a biosfera. De fato, na Terra, ao contrário de Vênus, a maior parte do CO_2 da atmosfera foi transferido para as rochas, em consequência do intemperismo. O mecanismo de retroalimentação negativa embutido no ciclo carbonato-silicato responsável por essa transferência manteve a superfície da Terra na faixa de temperatura compatível com a existência da água líquida. Isso está ligado a uma última característica que faz da Terra um planeta tão especial: a existência das placas tectônicas, ausentes em todos os outros corpos do sistema solar. Além de serem elo fundamental do ciclo carbonato-silicato, e, portanto, essenciais para a estabilização do clima, as placas tectônicas são também um importante fator na própria criação dos continentes, que, pela diversificação dos habitats, são os ambientes-chave para a evolução da vida.

Assim, vista em sua absoluta singularidade, o único planeta que abriga vida no sistema solar, a Terra merece o nome de "Gaia". A Terra é "Gaia" se for analisada como um planeta cujos processos estão inextrincavelmente inter-relacionados, em que a biosfera tem um papel proeminente, regulando a temperatura e a composição da atmosfera.

A biota efetuou profundas mudanças nos compartimentos da superfície terrestre, mudanças que, ao mesmo tempo, impuseram limites à sua própria evolução, de modo que vida e ambiente podem ser considerados duas partes de um mesmo sistema que evoluiu de forma acoplada. Ao longo deste texto, vimos vários exemplos de controles do clima e da composição da atmosfera fortemente influenciados pelos processos biológicos. No entanto, ao que parece, nem sempre essa interferência favoreceu a estabilidade climática, o que, de certa forma, contradiz as versões mais fortes da hipótese Gaia, que consideram a Terra como um organismo vivo, sustentado por uma biota que manipula o ambiente com o propósito de mantê-la em condições ótimas para a manutenção da vida. De fato, ao longo da história da Terra, a vida e o ambiente coevoluíram, mas as interações entre eles nem sempre foram as mais favoráveis para todas as formas de vida existentes.

O que concluir, finalmente, sobre a contribuição de Lovelock para a Ciência do Sistema Terra? Talvez seu maior mérito tenha sido a sábia utilização da poética metáfora da deusa grega da Terra, por meio da qual divulgou para um público muito mais amplo que os leitores de publicações científicas a ideia de que biota e ambiente se influenciam mutuamente. E, usando uma linguagem cheia de graça e estilo, ao lembrar que nós também fazemos parte de Gaia, chamou a atenção para as consequências potencialmente danosas da intervenção humana na natureza, que põem em risco um delicado equilíbrio que até o momento nos tem sido favorável.

Referências bibliográficas

ARCHER, D. *Global Warming*. Understanding the Forecasting. Cingapura: Blackwell Publishing Ltd, 2007.

______. *The Global Carbon Cycle*. Princeton: Princeton University Press, 2010.

BERNER, R. A. *The Phanerozoic Carbon Cycle*. Nova York: Oxford University Press, 2004.

CLOUD, P. E. "A Working Model for the Primitive Earth". Em *American Journal of Science*, 272, 537-548, 1972.

HAYES, J. D.; IMBRIE, J. & SHACKELTON, J. "Variations in Earth's Orbit: Pacemaker of the Ice Ages". Em Science 194: 121-132, 1976.

HOLLAND, H. D. "Volcanic Glasses, Black Smokers and the Great Oxidation Event". Em *Geochimica et Cosmochimica Acta*, 66, 3811-3826, 2002.

KASTING, J. "Peter Ward and Donald Brownlee's 'Rare Earth'". Em *Perspectives in Biology and Medicine*, 44: 117-131, 2001.

______. *How to Find a Habitable Planet*. Princeton: Princeton University Press, 2010.

LOVELOCK, J. *Gaia: a New Look at Life on Earth*. Oxford: Oxford University Press, 1979.

______. *The Revenge of Gaia: Earth´s Climate in Crisis and the Fate of Humanity*. Nova York: Basic Books, 2006.

MASSON-DELMOTTE, V. *et al*. "Epica Dome C Record of Glacial and Interglacial Intensities". Em *Quaternary Science Reviews*, 29: 113-128, 2010.

NISBETT, E. G. "The Influence of Life on the Face of the Earth: Garnets and Moving Continents". Em *Special Publication Geological Society of London*, 199: 275-307, 2002.

PETIT, J. R. *et al*. "Climate and Atmospheric History of the Past 420,000 Years from the Vostok Ice Core, Antarctica". Em *Nature*, 399, p. 429-436, 1999.

ROLLINSON, H. "Early Earth Systems". Em *A Geochemical Approach*. Cingapura: Blackwell Publishing Ltd, 2007.

ROSING, M. T. *et al.* "No Climate Paradox under the Faint Early Sun". Em *Nature*, 464: 744-749, 2010.

RUDDIMAN, W. F. *Earth's Climate*: Past and Future. Nova York: W. H. Freeman and Company, 2001.

WALKER, J. C. G.; HAYS, P. B. & KASTING, J. F. "A Negative Feedback Mechanism for the Long-term Stabilization of Earth's Surface Temperature". Em *Journal of Geophysical Research*, 66: 9776-9782, 1981.

WARD, P. D. & BROWNLEE, D. *Rare Earth*: Why Complex Life is Uncommon in the Universe. Nova York: Copernicus, 2000.

WOESE, C. R. *Microbiological Reviews*, v. 51, p. 221-271, 1987.

A Terra muda. Os organismos mudam. Os organismos mudam a Terra. A Terra muda.

Mauro Rebelo

Há bilhões de anos, os seres vivos jogam com o seu ambiente físico um jogo de ação e reação que segue uma regra simples, porém implacável: a seleção natural darwiniana. Quem pode, se adapta. Quem não pode, é extinto. Não há bem ou mal. Certo ou errado. Não existe um ambiente "bonito" ou "bonzinho" ao qual se deve proteger, nem um ambiente malvado que joga tufões, ciclones, secas e enchentes nas cabeças dos seres humanos. Existe um ambiente que depende de forças de grande magnitude, mas que também responde a forças menores. Aprender a reconhecer esse ambiente, e como funciona a interação dos homens com ele, é o primeiro passo para a adaptação ao planeta e para o melhor aproveitamento possível do tempo que resta ao *Homo sapiens*.

E qual é a relação disso com James Lovelock e Gaia? Tudo! A hipótese Gaia permite aplicar ao ambiente a lógica utilizada para compreender os mecanismos fisiológicos, e isso faz grande diferença para a compreensão de mecanismos intangíveis que ocorrem em escalas de tempo e espaço distantes da compreensão humana. Gaia é um grande aliado do professor.

Como encontrar evidências de vida em Marte?

Quando, na década de 1960, a NASA contratou James Lovelock para participar da pesquisa científica para encontrar evidência de vida em Marte, seu trabalho era projetar instrumentos que pudessem ser enviados em uma nave espacial àquele planeta para detectar uma possível presença de vida. Mas, "testar o quê?," deve ter pensado ele. As formas de vida em Marte poderiam ser radicalmente diferentes das que estão presentes na Terra!

Então Lovelock, corretissimamente, com um propósito prático e específico, procurou um denominador comum a qualquer forma de vida, para, a partir de então, poder determinar como ela poderia ser detectada. Sua conclusão foi brilhante. Ele se baseou em uma das mais fundamentais leis do universo, a segunda lei da termodinâmica, para estabelecer que a principal característica da vida é o consumo de energia e matéria, com descarte de rejeitos.

O universo tem duas leis fundamentais para ditar o comportamento da energia. A primeira diz que a quantidade de energia no universo é sempre a mesma. Não muda, é constante. É a primeira lei da termodinâmica. Ela é importante? Sim, é muito. Em geral, é conhecida a partir daquele velho princípio do Lavoisier. "Nada se cria, nada se perde, tudo se transforma." A segunda lei da termodinâmica diz que nenhuma troca de energia é perfeita e que sempre vai haver perda na transferência de energia de um elemento para outro. A perda, nesse caso, é uma perda de qualidade (senão iria contra a primeira lei). E como é possível medir a qualidade de uma energia? É possível fazer isso a partir de sua capacidade para realizar trabalho.

A organização e a ordem dependem de gasto de energia. Sem esse gasto… tudo vira desordem. Na física, a desordem é conhecida como "entropia", ou seja, a quantidade de energia de qualidade que virou calor e não pode mais realizar trabalho. A entropia tem muitas implicações no cotidiano (como na história do quarto que não se arruma sozinho), mas a maior parte delas é técnica demais e não se aplica a este contexto. Para este estudo, o que importa é que os seres vivos são entidades altamente organizadas e a manutenção dessa organização não seria possível, de acordo com a segunda lei da termodinâmica, sem um grande consumo de energia. E, consequentemente, sem uma grande produção de calor. As reações químicas do organismo que consomem energia e produzem calor também envolvem matéria, consumindo insumos (ou recursos) e produzindo produtos (ou rejeitos).

Lovelock pensou que, em última instância, os supostos organismos vivos de Marte, quaisquer que eles fossem, usariam a atmosfera do planeta como um meio para essa troca cíclica, da mesma forma que os seres vivos terrestres respiram O_2 e expiram CO_2. Assim, a vida deixaria uma "assinatura" química detectável na atmosfera de Marte que talvez pudesse ser detectada da Terra sem que fosse necessário nem mesmo enviar uma nave espacial.

A abordagem reducionista era perfeita. Não só permitia detectar qualquer tipo de vida, como também permitia o uso da difração da luz pela atmosfera de Marte para determinar sua composição e testar a hipótese. Então, Lovelock e um colega, Dian Hitchcock, começaram a analisar a composição química das atmosferas de Marte, da Terra e de outros planetas, e encontraram grandes contrastes: a atmosfera de Marte, bem como a de Vênus, era composta de aproximadamente 95% CO_2, algum O_2 e nenhum metano. A da Terra é composta por 77% N_2, 21% O_2 e bastante metano. Marte estava quimicamente morto! Todas as reações que poderiam ocorrer já tinham ocorrido. A Terra, entretanto, estava longe do equilíbrio químico. O metano e o oxigênio reagem facilmente quando estão em contato e, no entanto, ambos estavam (e estão) presentes na atmosfera da Terra. Lovelock concluiu, então, que na Terra os gases (metano e oxigênio) estavam em circulação, sendo consumidos e produzidos novamente, constantemente, e que a bomba que movia esta circulação era a vida.

> A vida é um grande, permanente e contínuo infringir da inoperante dureza química da superfície do nosso planeta... A vida, portanto, não é um acontecimento externo e acidental na superfície terrestre. Ao contrário, ela se relaciona intimamente à constituição da crosta terrestre, participa do seu mecanismo, e executa nele funções de extrema importância, sem a qual ele não existiria (Vernadsky, 1998).

Essa sentença não é de Lovelock, embora exprima perfeitamente o que ele encontraria. Quem a proferiu foi o cientista russo Vladimir Vernadsky, em 1929. Ela certamente serviu como base para que alguns anos mais tarde, em 1972, James Lovelock, juntamente com Lynn Margulis, escrevessem uma série de artigos que estabeleciam a famosa hipótese: "A biosfera – a atmosfera, os oceanos, o clima, a crosta terrestre e a biota, os organismos vivos –, é regulada como um sistema homeostático, com condições confortáveis para a vida."

As primeiras versões da teoria (ou hipótese) Gaia diziam que o clima e as condições na Terra eram regulados em torno de valores "fisiológicos", pela e para a biota.

A preposição de discórdia

Ao colocar a preposição "para" na frase "condições confortáveis para a vida", Lovelock e Margulis abriram um precedente perigoso que não foi poupado pela comunidade científica. Para muitos, Lovelock estava dizendo que o planeta tinha uma "força vital" que controlava ativamente o clima e outras variáveis.

A ideia é parte de um antigo debate entre os mecanicistas, que acreditam que a Natureza se comporta essencialmente como uma máquina, e os vitalistas, que acreditam que haveria uma força vital; esse debate já teria sido encerrado há alguns séculos (com desvantagem para os vitalistas).

Quase inocentemente, Lovelock estava considerando uma abordagem de vida diferente da visão reducionista que usou com tanto sucesso na busca por vida em Marte. Fazia isso em prol de uma visão holística da biosfera, que, segundo esta visão, teria propriedades específicas dos seres vivos: a habilidade de autorregulação homeostática.

Todos os seres vivos, sem exceção, possuem três características: são compostos de células; as células, por sua vez, isolam seletivamente o meio interno do meio externo; além disso, compartimentalizam reações redox organizadas.

Os organismos existem para um propósito: em última instância, reproduzirem-se para perpetuar seus genes. Para realizar esse propósito da melhor maneira possível, possuem uma série de propriedades, as quais evoluíram ao longo do tempo para se adaptar ao ambiente. Para evoluir, é importante que os organismos possuam um mecanismo de manutenção da informação genética. Além disso, em um ambiente tão variável, a estabilidade do meio interno no qual esse mecanismo de informação genética está localizado é fundamental para a sua manutenção.

"Um mecanismo de informação 'genética' pré-vital tem de ter existido porque apenas 'informação' persiste e apenas 'informação' evolui" (Cairns-Smith, 1982).

Portanto, em última instância, os organismos são máquinas para a preservação e a replicação da informação genética. Informação genética que justamente determina quais são as melhores condições para a existência desse organismo. É também a modificação dessa informação genética, por meio de mutações, que impede o perfeito funcionamento do organismo ou que gera a variabilidade que permite a adaptação a novos ambientes. Quando uma nova variável proporciona uma melhor adaptação, é possível que seus detentores consigam deixar mais descendentes e que esses genes se espalhem pela população, demonstrando assim que foram selecionados positivamente.

Como quer que tenha começado a vida, foi de maneira muito simples, e os sofisticados mecanismos de manutenção da homeostase que observamos hoje nos organismos são resultado da evolução daquela informação primordial.

É importante notar que, enquanto o "indivíduo" é o alvo da mutação, é o espalhamento dos genes pela população que determina se aquela nova característica foi bem-sucedida. A "unidade" da evolução é o grupo, a população, e não o indivíduo: um indivíduo vive, mas só uma população pode evoluir.

Então, se há apenas uma Terra, um "indivíduo", e, se "indivíduos" não evoluem, cabe a questão: como a Terra poderia ter "evoluído" os mecanismos teleológicos que controlariam suas propriedades regulatórias? A resposta é simples: ela não poderia!

Teleologia – do grego *telos* (finalidade). Afirma que há um elemento de finalidade ou de projeto por trás do funcionamento da Natureza.

Lovelock (1990) afirma:

> Nem Lynn Margulis nem eu propusemos que o mecanismo planetário de autorregulação é proposital. Contudo, nós temos sido persistentemente, quase dogmaticamente, acusados de que nossa hipótese é teleológica.

A respeito de teleologia, Haldane, por sua vez, comenta que "teleologia é como uma amante para o biólogo, sem a qual ele não pode viver, mas com quem não está disposto a ser visto em público."

Assim, os biólogos – que provavelmente usam a teleologia na sala de aula para facilitar os exemplos dados a seus alunos, ou que pensam nela na hora de interpretar a expressão de um gene ou a competição entre duas espécies – condenaram a excelente metáfora de James Lovelock.

Cientistas em conflito

A questão teleológica na hipótese Gaia é, para mim, decorrente da compreensão incompleta do que é a vida. Mas o que se poderia dizer de novo sobre a disputa na definição de vida? Não muito. É possível sugerir com veemência a leitura do capítulo da batalha entre Voltaire e Needham em

Grandes debates da ciência, de Hal Hellman, em que o conflito entre vitalistas e os mecanicistas foi "resolvido". Sobre as propostas de grandes nomes como Ernest Mayr e sua abordagem essencialista, John Maynard-Smith e sua abordagem evolucionista, ou a autopoiese de Humberto Maturana, propõe-se a leitura dos trabalhos do coautor deste livro, Dr. Charbel El-Hani. Mas nenhum desses textos resolverá o problema. Não existe um consenso científico sobre o que é a vida.

Uma sugestão possível seria assumir uma "posição" ou uma "atitude" com relação a esses conflitos. Ao invés de tentar eliminar a incerteza ao definir completa e inequivocamente o fenômeno, lidar com a incerteza que o fenômeno apresenta, definindo o que é possível e o que não é possível alcançar com base nas evidências que existem. Principalmente quando é possível que o consenso em relação a essa definição seja... impossível! Provavelmente, o consenso em relação à definição de vida é impossível. E aqui será explicado o porquê dessa impossibilidade.

J. B. S. Haldane (1927) afirma:

> Minha suspeita é que o universo não é mais esquisito do que supomos. Ele é mais esquisito do que podemos supor. Eu suspeito que existam mais coisas entre o céu e a terra do que tenham sido sonhadas, ou que possam ser sonhadas, por qualquer filosofia.

O cérebro humano foi selecionado para compreender fenômenos em uma certa escala, a escala do mundo com o qual se interage, onde se busca alimento, abrigo, onde se procuram parceiros reprodutivos. Em escalas interplanetárias ou atômicas, a compreensão de alguns fenômenos simplesmente escapa ao ser humano. A vida é um desses fenômenos.

Talvez por isso a biologia, historicamente, tenha caminhado atrás da física. O fenômeno da vida sempre foi considerado mágico, místico, e os primeiros biólogos estavam preocupados apenas em "catalogar a vida". Ainda hoje, a compreensão de teorias como Gaia é complicada e carrega muita controvérsia. Não por acaso, foi um físico o primeiro a abordar a vida de maneira científica: Erwin Schrödinger, em seu livro de 1989, *O que é a vida*:

> Como podem os eventos no espaço e tempo, que se realizam dentro das fronteiras de um organismo vivo, serem explicados pela física e pela química? É certo que a óbvia incapacidade da física e da química atuais para explicar tais eventos não é razão para duvidar de que eles possam ser explicados por essas ciências.

Qual é a importância de se alcançar um consenso científico para uma definição acadêmica da vida se, do ponto de vista prático, qualquer um é capaz de dizer "isto aqui é vivo" apontando para um pássaro, e "aquilo ali não é", apontando para uma pedra? Há alguma importância. Para começar, não basta dizer se alguma coisa é viva ou não. É necessário determinar quando a vida "começa" e quando a vida "termina," tanto por razões científicas, quanto por razões legais (médicas, inclusive) e sentimentais.

Para os antigos egípcios, a vida terminava – e, consequentemente, a morte começava – quando o coração parava de bater. Sem grandes conhecimentos de medicina e ferramentas de diagnóstico, o "tum-tum" no peito era o único sinal inequívoco de vida. Mas, quando os transplantes de órgãos ofereceram a possibilidade de salvar um grande número de vidas e a parada do coração significava possivelmente a perda dos órgãos do doador, passou-se a considerar a "morte cerebral" como evidência da morte, ainda que o organismo continuasse funcionando.

Depois, quando as células-tronco embrionárias ofereceram de novo a possibilidade de cura de muitas doenças, o Brasil tomou a decisão histórica de mudar o limite do princípio da vida. As células-tronco embrionárias, que podem se transformar em praticamente qualquer outro tipo de célula dos organismos, precisavam ser retiradas de embriões, e os candidatos eram os embriões fertilizados e congelados após procedimentos de inseminação artificial. Após três anos de estocagem, esses embriões eram considerados inviáveis para a gestação e, por isso, eram descartados. No entanto, eles ainda poderiam ser utilizados como fonte de células-tronco embrionárias, ainda que para isso fosse necessário o sacrifício do embrião. O Supremo Tribunal Federal decidiu, com forte embasamento da comunidade científica, que o embrião com 4-5 dias não passava de um amontoado de células e ainda não era um ser vivo, ainda que pudesse vir a sê-lo. E, assim, a pesquisa com essas células foi autorizada sem que caracterizasse, diante da lei, um crime contra a vida.

Apesar de a definição de vida ser do domínio exclusivo da biologia, sua consequência e seus efeitos permeiam e interferem em outras ciências e áreas do conhecimento, tornando impossível a proposição de uma definição isenta dessa interferência. E, quando a ciência afeta a vida das pessoas, principalmente de leigos não cientistas, a evidência científica, por mais convincente que seja, nem sempre é suficiente. Seguem dois pensamentos a respeito do tema:

> Nós gostaríamos de acreditar que, se conseguíssemos adequar com segurança dados em relação a qualquer problema científico, então qualquer pessoa com uma inteligência normal, que se dá ao trabalho de tomar conhecimento desses dados, deveria necessariamente chegar à mesma conclusão sobre o problema em questão. Nós gostamos de falar de conclusões demonstradas, estabelecidas, provadas e aprovadas. Parece, no entanto, que nenhuma evidência científica é forte o suficiente para forçar a aceitação de uma conclusão que é emocionalmente não aprazível. (Dobzhansky, 1945)

> As pessoas não querem suas vidas consertadas. Ninguém quer seus problemas resolvidos. Seus dramas. Suas distrações. Suas histórias resolvidas. As bagunças arrumadas. Porque o que lhes restaria? Apenas o grande e assustador desconhecido. (Palahniuk, 2000)

Para Lovelock, a definição de vida, que não era clara, poderia ser aplicada para explicar o funcionamento do planeta. Essa proposição não afetava a vida da sociedade; mas atendia a interesses não científicos de grupos religiosos e metafísicos e perturbava profundamente a comunidade científica.

Era claro que a Terra era afetada pela vida e que se adequava a ela. Novamente, é pura física: "a toda ação, corresponde uma reação de mesma direção, intensidade e sentido igual e direção oposta". E Lovelock havia mostrado isso de maneira brilhante. Sua conclusão era muito poderosa: não eram apenas as forças de grande magnitude, como a gravidade, que modificavam o planeta. Forças de pequena magnitude, como os resíduos químicos produzidos por microrganismos, também o faziam! Se o equilíbrio era confortável para a vida, isso era irrelevante. Ou melhor: na prática, não era irrelevante, mas, na teoria, era. Se Lovelock tivesse se contentado em explicar o "O que", como os cientistas fazem na maior parte das vezes, estaria tudo bem. Mas ele tentou explicar o "Por que" e o "Para que" e criou um problema filosófico para ele mesmo.

Mas o que é a autorregulação?

> Uma visão da Terra como um sistema autorregulador constituído da totalidade dos organismos, rochas de superfície, oceano e atmosfera estreitamente unidos como um sistema em evolução. A teoria vê esse sistema dotado de um objetivo: a manutenção do equilíbrio das condições de superfície para que sejam sempre as mais favoráveis possíveis à vida atual (Lovelock & Margulis, 1974).

A ideia de organismos se relacionando em torno de um objetivo comum é bastante distante de tudo que se conhece sobre ecologia e evolução; por outro lado, não é estranha a ideia de um organismo tentando interferir no meio em que habita. Lovelock usou mal a palavra "objetivo" e nunca mais conseguiu reverter o dano causado por essa gota de sensacionalismo.

O "equilíbrio das condições" é uma ideia antiga. O conceito de homeostase foi introduzido pelo fisiologista francês Claude Bernard (1813-1878), que estabeleceu que "a constância do ambiente interno é a condição para a vida livre." Com base em Bernard, Walter Cannon (1871-1945) aprofundou-se no tema e cunhou o termo "homeostase" (*Homeo* = igual; *stasis* = estado). Para Bernard, seria necessária a manutenção de um ambiente interno estável para o desenvolvimento dos processos vitais nos quais variáveis fisiológicas são mantidas dentro de limites estabelecidos por mecanismos de retroalimentação.

É importante retomar neste momento as três observações fundamentais sobre a vida:

- Toda vida é organizada em células.
- As células promovem o isolamento seletivo do ambiente por meio de uma membrana.
- O ambiente interno compartimentaliza reações organizadas de oxirredução.

A palavra "organizadas" é importante para entender a importância da estabilidade do meio interno. Reações químicas acontecem em determinadas situações: pH, temperatura, energia. Se o meio interno variasse de acordo com as variações do meio externo – e com sua frequência –, essas reações organizadas não poderiam mais acontecer. Pelo menos, seriam raras e a existência do metabolismo seria inviável. Em última instância, todos esses processos visam à preservação da informação genética, que é, por sua vez, o que controla o metabolismo organizado.

Há uma grande discussão entre bioquímicos e biólogos moleculares sobre o que apareceu primeiro: o metabolismo ou a informação genética. Do ponto de vista lógico e estatístico, é muito mais fácil conceber a criação de um sistema de informação genética que permite a reprodução da informação e que dá origem a um metabolismo básico que vai modificando esse sistema, o qual vai ganhando complexidade e se reverte em um metabolismo mais complexo, que pode modificar ainda mais o sistema de informação genética... até chegar ao DNA e às proteínas. E esse exemplo de coevolução entre informação genética e metabolismo serve também de exemplo para outro mecanismo fundamental na compreensão da autorregulação: a retroalimentação.

Como os organismos vivos são sistemas termodinamicamente abertos, eles possuem uma entrada (fonte de energia e matéria) e uma saída (calor, produtos e rejeitos). As propriedades internas do sistema determinam as taxas com que os insumos serão consumidos e os produtos serão produzidos. Pode-se considerar um indivíduo como um sistema, mas também é possível considerar as partes, ou mesmo os mecanismos internos desse indivíduo, como sistemas isolados. O sistema de informação genética determina os intervalos dentro dos quais uma variável fisiológica (como pH do sangue, temperatura do corpo, frequência cardíaca, etc.) tem de permanecer para seu correto funcionamento. Essa informação pode estar no sistema nervoso, no sistema imune, no endócrino, ou ainda armazenada no DNA e ser controlada pela expressão de um gene. Para "controlar" o organismo, ele precisa "monitorar" o funcionamento do sistema. E muitas vezes isso é feito com a amostragem da "saída" (produto ou rejeito) do sistema, o que cria um circuito de informação que pode aumentar ou diminuir a produção de um produto (ou rejeito) – influenciando também o consumo de energia e a produção de calor.

Assim, a homeostase dos organismos é mantida por mecanismos em circuito, em que um sensor detecta o desvio de uma variável interna de um padrão estabelecido e informa ao centro de controle, que calcula o desvio e ativa um efetor. O efetor corrige o desvio e traz o sistema de volta ao equilíbrio original configurando, portanto, um mecanismo de retroalimentação.

A retroalimentação pode ser "positiva" – quando uma entrada de pouca energia (em comparação à quantidade de energia que flui pelo sistema) tem efeitos amplificados (de alta energia) na saída (produto ou rejeito). Também é considerada positiva quando a "saída" é incorporada ao sistema, aumentando o desvio do equilíbrio de partida e amplificando-o, em uma reação em cadeia. Os efeitos do sistema imune ou do sistema endócrino muitas vezes são bons exemplos de retroalimentação positiva.

Na retroalimentação negativa, a saída monitorada pelo sistema determina o momento em que o equilíbrio foi alcançado e o sistema pode (ou deve) ser desligado. Para que o sistema não reaja de maneira exagerada, o sinal de controle deve ser proporcional à diferença entre a saída observada e as indicações especificadas. É importante notar que, em sistemas biológicos controlados por retroalimentação (homeostáticos), as variáveis nem sempre permanecem constantes em todos os momentos e as especificações com as quais ele tem de estar em conformidade podem ser "flutuantes".

Mas nem todos os mecanismos de retroalimentação possuem "especificações". O monitoramento pode ser feito por um subsistema secundário independente, que utiliza a "saída" do sistema primário e ao mesmo tempo influencia sua "entrada". São sistemas não teleológicos (sem especificações), em que o subsistema secundário funciona como mecanismo de controle, estabilizando a saída do subsistema primário. Em ecologia, encontram-se muitos exemplos de mecanismos de retroalimentação não teleológicos, como sistemas de predador-presa. A população de uma espécie que esteja na condição de "presa", como um coelho, cresce. Assim, a disponibilidade de alimento para a população do predador, a raposa, aumenta. Consequentemente, aumenta a densidade da população de raposas. Com o aumento da população do predador, a pressão de predação sobre os coelhos é tão grande que leva ao declínio da população. O alimento se torna escasso e não é mais suficiente para sustentar a população de predadores, que, por sua vez, entra em declínio e diminui a pressão sobre as presas – que passa a ter a oportunidade de se recuperar. A população de coelhos então começa a aumentar novamente, dando origem a um novo ciclo.

Dessa forma, sistemas que envolvem mais de um subsistema independente, que não compartilham especificações, podem alcançar um equilíbrio – que depende da interferência que as saídas de um exercem na entrada do outro. E assim funcionam os ecossistemas.

Ao fazer trocas com o meio ambiente para obter energia e matéria e depositar calor, produtos e rejeitos, os organismos obrigatoriamente modificam esse ambiente. As entradas são consideradas "recursos". Note que a própria definição de recurso diz que ele "diminui à medida que é consumido", determinando uma potencial escassez. Em um sistema termodinamicamente aberto como o ecossistema, a disponibilidade de recursos e as especificações do sistema determinam, obrigatoriamente, a produção dos rejeitos, e por isso é inevitável que exerçam algum tipo de interferência ou controle sobre ela. Os ecossistemas são regulados por mecanismos de retroalimentação não teleológicos com muitos subsistemas controladores. Quanto maior é o ecossistema ou a escala pela qual se observa um ecossistema, maior é o número de subsistemas controladores e maior é o número de relações entre eles. Em uma situação como essa, é muito difícil que um subsistema (como uma espécie em uma comunidade) esgote um recurso sem antes excluir uma outra população ou entrar em conflito (ou competição) com outra espécie que divida o mesmo nicho ecológico. A interação de um indivíduo ou de uma espécie com o ambiente é influenciada de forma determinante pela interação de outros indivíduos ou espécies com o ambiente. Como a exaustão de um recurso por uma espécie dificilmente é permitida por outra espécie, e como os produtos e os rejeitos de uma espécie são utilizados como recursos para outra, o ambiente permanece com constante disponibilidade de recursos e espaço para rejeitos, criando, assim, um tipo de "homeostase" do ecossistema.

O acaso que gera padrões

Seriam essas interações aleatórias suficientes para criar uma realidade, um ambiente estável? Como isso seria possível?

Na década de 1960, o grande químico Ilya Prigogine, que ganhou o prêmio Nobel pelos seus estudos em termodinâmica e pela descoberta das estruturas dissipativas, demonstrou que sistemas termodinâmicos fora de equilíbrio, aqueles que têm grandes entradas de energia, tendem a criar estruturas organizadas para dissipar a grande quantidade de energia que passa por eles. Um exemplo dessas estruturas auto-organizadas são as células de Bénard, "sistemas estáveis afastados do equilíbrio termodinâmico".

E como pode um sistema afastado do equilíbrio termodinâmico ser estável e organizado? Em geral, se algo vai contra as leis da termodinâmica, é porque tem problemas. O que Prigogine chama de "afastado do equilíbrio termodinâmico" significa "ter uma fonte de calor constante". Sem essa fonte, mesmo que inicialmente dois corpos tenham uma temperatura diferente, o corpo mais quente vai passar calor para o corpo mais frio até que os dois fiquem com a mesma temperatura. Isso é o equilíbrio termodinâmico. No caso da fonte de calor, corpo mais quente passa calor para o corpo mais frio, mas eles nunca chegam à mesma temperatura.

É isso que acontece quando alguém esquenta a água para fazer café ou chá: perto do fogo está mais quente e perto da superfície está mais frio (ou menos quente), até que a água começa a ferver. Não é mais só o calor que sobe pela coluna de água. A água mais quente é menos densa e sobe para a parte de cima da coluna de água. Já a água da superfície é mais fria e densa, e desce para o fundo da panela. Forma-se então um movimento de convecção (a água sempre desce por um lado e sempre sobe pelo outro). É literalmente uma "cachoeira" de água menos quente e um "gêiser" de água mais quente, que se alimentam um do outro: quando o "gêiser" chega à superfície da coluna de água, passa calor para o ar e a água esfria. Esfria o suficiente para aumentar sua densidade e precipitar-se na "cachoeira" que leva até o fundo da panela, onde o calor do fogo esquenta a água até ela perder densidade e subir pelo "gêiser" e repetir o processo.

Vistas de cima, as "cachoeiras" estão nos centros das células, em sua parte mais escura, e os "gêiseres" estão nas extremidades. A regularidade dessas estruturas impressionou os químicos e físicos da época. Como um sistema fora do equilíbrio poderia gerar ordem? Isso parecia ir contra a segunda lei da termodinâmica. Mas, na verdade, não ia, porque a formação das células de Bénard permitia que mais calor fosse transferido, e mais rapidamente, da água para o ar. Ou da fonte de calor para o ar, através da água. Foi então que Prigogine teve uma epifania: quando um sistema fora de equilíbrio (como a água dentro da chaleira sobre o fogo) alcança um momento crítico, a ordem aparece para permitir uma troca de calor mais eficiente entre os dois sistemas. Ele chamou esse fenômeno de "auto-organização"; as estruturas ordenadas foram chamadas de "estruturas dissipativas", porque elas permitem que o sistema dissipe – ou transfira – mais calor para o meio.

As células de Bénard pareciam ir contra as leis da termodinâmica. O mesmo ocorria com a vida, altamente organizada e grande consumidora de energia. No caso da vida, para que ela "ganhe" organização ao longo do tempo, todo o universo precisa se desorganizar um pouco mais. E como isso é possível? Com um gasto muito grande de energia. Assim, os seres vivos desorganizam ainda mais o universo, para que possam nadar contra a corrente, mantendo-se altamente organizados.

Mas as células de Bénard e o fenômeno da auto-organização têm uma consequência muito mais dramática para a vida: talvez a vida seja apenas uma estrutura dissipativa auto-organizada em um ponto crítico do sistema termodinamicamente aberto do planeta. Guardadas as devidas proporções, os seres vivos são as células de Bénard nessa "chaleira" que é o planeta Terra, cuja função é dissipar a energia vinda do sol. E, como toda estrutura dissipativa, seu aparecimento é inevitável, dado que o sistema chegue ao ponto crítico.

> Assim, é da batalha natural, é da fome e da morte que advém o mais elevado objetivo que somos capazes de conceber: a produção de animais superiores. Existe efetiva grandiosidade neste modo de encarar a vida que, juntamente com todas as suas diversas capacidades, teria sido insuflada numas poucas formas, ou talvez numa única, e que, enquanto este planeta continua a girar, obedecendo à imutável lei da gravidade, as formas mais belas, mais maravilhosas, evoluíram a partir de um início tão simples, e ainda prosseguem hoje em dia neste desenvolvimento. (Darwin, 1985: 366)

Lovelock deveria argumentar, como fez Prigogine, que, se estruturas dissipativas nascem da desordem, se o acaso gera padrões, então é fácil entender que mecanismos não teleológicos de retroalimentação gerem homeostase no ecossistema, permitam evolução e clímax. Como ele mostrou magnificamente no "mundo das margaridas".

O mundo das margaridas

O planeta do "mundo das margaridas" é um planeta imaginário, proposto por Watson e Lovelock (1983), para esclarecer as dúvidas com relação à hipótese Gaia. O planeta gira em torno de um sol, do qual absorve a energia em uma taxa que depende da luminosidade do sol e do albedo do planeta. Ele também irradia calor para o universo, em uma taxa determinada pela lei de Stefan-Boltzmann, mas contém apenas duas espécies: margaridas claras e margaridas escuras, que mantêm condições para sua sobrevivência simplesmente seguindo seus próprios interesses.

As margaridas claras tendem a refletir a luz, que tem um efeito refrigerador no ambiente, enquanto as margaridas escuras absorvem radiação e aquecem o planeta. O crescimento das margaridas depende da população atual, da taxa de mortalidade natural, do espaço disponível e da temperatura (as equações que Lovelock usou para modelar foram baseadas na dinâmica do crescimento real de margaridas).

Curiosamente, quando o modelo é rodado com a luminosidade do sol aumentando gradualmente, a população de margaridas claras e escuras se ajustava naturalmente para manter a temperatura constante no nível ótimo para o crescimento de sua espécie. O "mundo das margaridas" é um exemplo de sistema autorregulador, promovido por mecanismos de retroalimentação entre as margaridas e a temperatura do planeta (regidos pelas equações que relacionam a taxa de crescimento ao albedo). De algum modo, essas equações conspiram para manter as circunstâncias apropriadas para a vida. Uma das principais ideias do modelo do "mundo das margaridas" é que uma espécie em um ecossistema pode estar preocupada apenas com a sua própria sobrevivência e, no entanto, as consequências de suas ações não somente ajudam a ela mesma, mas também ao sistema como um todo. Seria possível dizer que a autorregulação é uma propriedade emergente do sistema.

O "mundo das margaridas" se refere a uma dicotomia que existe entre a abordagem reducionista, que tenta entender um sistema fragmentando-o até chegar a seus menores componentes, e a abordagem holística, que vê o sistema como uma entidade que deve ser entendida em sua completude.

Sem a teoria Gaia, um observador que visitasse um planeta como o do "mundo das margaridas", onde as plantas vivessem em harmonia com a temperatura atual, suporia que as plantas evoluíram sua fisiologia para se adequar a uma temperatura preordenada. Após a contribuição dessa teoria, existe a possibilidade de que "causa e efeito" estejam invertidas: é a regulação da temperatura do planeta pela absorção da luz e a irradiação de calor por populações de flores brancas e pretas que aumentam e diminuem a sua densidade, que mantém a temperatura dentro dos parâmetros fisiológicos ótimos para a vida

Mudanças climáticas, como na temperatura, podem ser de curto, médio e longo prazo. Qualquer que seja a mudança, vai afetar de alguma forma o organismo, que terá de lidar com ela. Mudanças de órbita na Terra causam grandes variações climáticas, que perduram por milhões de anos. Mas não acontecem de uma hora para outra, nem com grande frequência. Alterações de microclima decorrentes de uma ventania ou variações causadas pela maré, pela luz do sol e por outros fenômenos recorrentes têm duração menor e frequência maior, mas sua intensidade é variável. E como os organismos lidam com essas situações? Adaptando-se!

A vida é o planeta

Uma recapitulação sobre o surgimento e o desenvolvimento do planeta Terra mostra que o "mundo das margaridas" é uma simplificação plausível do que se observa hoje.

O planeta é fruto de forças de grande magnitude

O sistema solar se formou do aglomerado de "poeira" de uma nebulosa que, provavelmente em razão do efeito das ondas de choque da explosão de uma supernova (uma estrela grande o suficiente para "explodir"), sofreu um colapso gravitacional e formou o Sol. O núcleo do Sol era feito principalmente de hidrogênio. Com a força da gravidade, o núcleo começou a se condensar e o hidrogênio se fundiu, produzindo o calor e a luz que chegam até a Terra.

A rotação do Sol produz grandes ondas de vento solar, nuvens de poeira com elementos mais leves, que escaparam do colapso gravitacional. Essa poeira cósmica foi se aglutinando. Materiais rochosos e elementos mais pesados se fundiram com as grandes temperaturas próximas ao Sol. Mas os elementos mais leves, como sílica, água, amônia e metano, eram levados pelo vento solar. Quando esses grupos atingiram certo tamanho, começaram a se chocar. Cada vez que isso acontecia, eles formavam novos corpos, somando grande parte da massa dos corpos que se chocaram. E os corpos foram aumentando. Em algum momento, sua massa era tão grande que eles desenvolveram um campo gravitacional capaz de atrair mais material para si. Eram os protoplanetas. O nosso, a Terra, foi o terceiro planeta contando-se a partir do Sol.

De acordo com essa teoria, a origem da Terra é um processo de caráter clástico, formando-se o planeta a partir de choques de muitos corpos. Corpos de diferentes tamanhos continuavam se chocando com a Terra, que ganhava massa – e também temperatura, em consequência da energia cinética das colisões e do decaimento radioativo dos elementos. Em algum momento, a temperatura foi tão alta que a Terra se fundiu. Os elementos mais pesados, sob efeito da gravidade, migraram para o centro do globo, formando um núcleo de Fe e Ni.

As colisões continuaram durante muito tempo, provavelmente por alguns milhões de anos. Nessa época, no intervalo entre as colisões, o planeta esfriava um pouco e formava uma crosta, como um casca em uma ferida, de magma solidificado. Essa crosta era formada por silicatos e alumínios – os elementos mais leves, que foram se acumulando na superfície do planeta em virtude da menor ação da gravidade sobre eles. Uma dessas colisões foi especialmente grande, com um corpo provavelmente do tamanho de Marte. Ela arrancou um grande pedaço da Terra, mas não afetou seu núcleo (que provavelmente já estaria formado, embora depois desse evento o núcleo desse corpo deva ter se unido ao da Terra). O material arrancado da superfície entrou em órbita e formou a Lua. Esse choque teria sido tão grande que deslocou a Terra de sua órbita e alterou a inclinação de seu eixo de rotação. Isso influenciou as condições do planeta por muitos milhões de anos e provavelmente produziu o movimento de precessão.

Muitos outros planetésimos se formaram, na área mais distante do Sol, com a maior parte dos elementos leves (amônia, água e metano). Os planetésimos que não foram atraídos pela gravidade de Júpiter, Saturno e Urano (planetas gigantes, e, portanto, com força gravitacional muito grande) estão em cinturões de asteroides ou em órbitas muito afastadas. Quando eles se aproximam do Sol, o calor derrete suas caudas de gelo, formando grandes nuvens. São os cometas. Acredita-se que a grande quantidade de água do planeta venha dos muitos cometas que se chocaram com a Terra durante esse período. A água em vapor ficou presa na atmosfera.

As placas sólidas, unidas, formaram um grande continente, enquanto a água formou um grande oceano. Nessa época, a atmosfera terrestre era rica em gases provenientes das erupções vulcânicas. Provavelmente, eram os mesmos gases que ainda são liberados pelos vulcões: vapor d'água (H_2O), gás carbônico (CO_2), monóxido de carbono (CO), dióxido de enxofre (SO_2), cloreto de hidrogênio (HCl), nitrogênio (N_2) e hidrogênio (H_2) moleculares. Era uma atmosfera redutora. O planeta continuava muito quente porque todos esses gases promovem o efeito estufa. Se não fossem esses gases, a Terra seria, então, uma grande bola de gelo: naquela época, o Sol brilhava 20% menos do que brilha hoje, o suficiente para estabelecer temperaturas glaciais.

Os oceanos eram ricos em Fe^{2+} e a água era relativamente fria – pelo menos em comparação com o magma e a atmosfera. No fundo dos oceanos, em algumas áreas das planícies abissais, a crosta era mais fina e eventualmente se rompia. Nesse momento, o líquido hidrotermal jorrava para dentro do oceano, formando as fontes hidrotermais. O fluido hidrotermal era muito quente, reduzido, alcalino e rico em enxofre (CN^-, H_2CO,

CO, CH_3SH, NH_3, CH_4, H_2, HS^-). As águas do oceano Hadeano eram frias, oxidadas, ácidas e ricas em Fe^{2+}. Essas diferenças geraram um gradiente na interface da crosta de 4 unidades de pH, 60 ºC de temperatura e 500 mV de potencial redox. Com toda essa disponibilidade, esses eram os principais candidatos para fornecer energia para a origem da vida há bilhões de anos.

A Terra não é completamente redonda. Tem um formato chamado de "geoide", que é extremamente complexo e pode ser descrito apenas por complicadas equações matemáticas. Seu eixo de rotação é inclinado e os movimentos que ela faz vão muito além dos tradicionais movimentos de rotação e translação que são ensinados no colégio. Para ilustrar a importância dessas variações, note que o ângulo de inclinação do eixo da Terra determina que, em determinado momento, um dos hemisférios esteja ligeiramente mais próximo do Sol do que o outro. "Ligeiramente" porque, considerando-se a enorme distância entre o Sol e a Terra, aqueles poucos quilômetros não deveriam ser tão representativos. Mas eles são responsáveis pela existência do inverno e do verão.

A rotação da Terra e, principalmente, de seu núcleo pesado composto de ferro, gera um campo magnético poderoso, que se estende por muitos quilômetros além da atmosfera. Esse verdadeiro "campo de força" invisível protege a Terra dos "ventos solares". Tal escudo é formado por linhas que vão de um polo a outro, mas que são forçadas pelos ventos polares no lado "claro" da Terra (voltado para o Sol) e esticadas para os confins do sistema solar no lado "escuro" do planeta. Esse campo magnético protege o planeta não só do vento, mas de todas as variações do "clima do espaço", ou seja, as variações climáticas entre o Sol e a Terra. Por exemplo: as tempestades no Sol são responsáveis pelo fenômeno descrito como "aurora boreal" que acontece nos polos, com raios de luz cortando os céus ao raiar do dia.

Portanto, a Terra é controlada por uma série de forças de grande magnitude (térmicas, gravitacionais, magnéticas) agindo simultaneamente. Pequenos desvios na interação entre essas forças podem afetar a dominância de uma delas e gerar efeitos de grande porte como vulcanismos, terremotos, alterações do nível do mar, eras glaciais. Por exemplo: a crosta terrestre é formada por placas que se movimentam. Esse é o campo de estudo de uma área da geologia chamada de "tectônica de placas". Terremotos e vulcanismo são os principais fatores relacionados com ela. São as principais formas de se alterar a paisagem e, portanto, o principal fator para a extinção de espécies.

A vida modificou o planeta

Atualmente, o oxigênio é amplamente distribuído na biosfera, das camadas mais altas da atmosfera até as águas mais profundas dos oceanos. Mas, quando a vida começou, ele provavelmente era um elemento escasso, praticamente indisponível.

Evidências mostram que a pressão de O_2 na atmosfera aumentou substancialmente entre 2,4 e 2,0 bilhões de anos atrás. Mas, até 1,8 bilhões de anos atrás, os oceanos eram anóxicos, possuindo grande quantidade de enxofre e ferro. O ferro estaria em sua forma reduzida Fe^{2+}, já que a presença de O_2 tenderia à formação de Fe^{3+} – que prontamente se hidrolisa, levando à formação de oxi-hidróxidos de ferro, que são insolúveis. A presença do mineral BIF (do inglês Banded Iron Formation) no registro fóssil dessa época, explicada pela presença o Fe^{2+}, é uma evidência a favor dessa teoria.

Apesar de alguns sinais de eucariotos nessa época, a diversidade e a quantidade de fósseis é muito pequena, e, ao que parece, eles tiveram pouca participação nos ambientes sulfídricos do fundo do oceano mesoproterozoico, sendo mais abundantes nos ambientes costeiros superficiais (apesar do estresse das variações de temperatura e salinidade). Fitoplâncton morfologicamente complexo e macroalgas bentônicas ramificadas aparecem apenas no final do período proterozoico.

O consenso atual sugere que os organismos fotossintéticos podem ter estado entre as primeiras formas de vida da Terra primitiva. Muitos autores sugerem que a evidência disponível mais antiga para a vida na Terra, os estromatolitos fósseis (pedras formadas pela concentração de limo – que basicamente era formado por cianobactérias), datam de 3,5 bilhões de anos. São os restos de organismos morfologicamente semelhantes às cianobactérias oxigenantes contemporâneas. A evidência isotópica para a fixação autotrófica de carbono, provavelmente de natureza fotossintética, estende-se ainda mais para trás, há 3,8 bilhões de anos. Há um consenso geral sobre a ideia de que os organismos que construíam os estromatólitos antigos eram fotossintéticos.

O advento da fotossíntese oxigenante permitiu o desenvolvimento de vida avançada, criando a camada de ozônio que protegeu a terra da radiação UV, além de fornecer um oxidante terminal poderoso para a respiração. E, pela primeira vez, os organismos vivos interferiram de maneira decisiva não só para si próprios, mas também em relação a outros organismos e a todo o planeta.

A origem mais provável para os fotossistemas ligados encontrados em organismos oxigenantes é algum tipo de fusão genética entre duas bactérias, uma com um centro da reação de feofitina-quinona e a outra com um centro da reação Fe-S. Isso teria produzido um organismo quimérico com dois fotossistemas desconectados. Subsequentemente, os dois fotossistemas foram ligados e o oxigênio foi adicionado ao processo.

A evidência geológica estabelece claramente que o oxigênio molecular que começou a se acumular na atmosfera há aproximadamente 2 bilhões de anos era de origem fotossintética (Cloud 1973, Walker *et al.*, 1983). Além disso, há algumas indicações de que o oxigênio já estava sendo produzido por organismos ancestrais há 3,5 bilhões de anos, mas pode muito bem ter sido consumido por processos químicos, possivelmente pela oxidação de Fe^{2+} a Fe^{3+}, e, assim, não teria se acumulado na atmosfera até muito mais tarde.

Atualmente se sabe bastante sobre a oxigenação da atmosfera, mas não se sabe muito sobre a oxigenação dos oceanos. Evidências baseadas em paleossolos (sedimentos fossilizados) sugerem que a pressão parcial de oxigênio na atmosfera aumentou durante o período proterozoico de 0,2 para 3 kPa entre 2,2 e 1,9 bilhões de anos. Estima-se que o ar tenha alcançado pela primeira vez as concentrações de oxigênio encontradas atualmente (21 Kpa) entre 1 e 0,5 bilhões de anos atrás.

O que é certo é que os oceanos levaram mais tempo para se oxigenar. Certamente, houve uma estratificação, com oceanos rasos apresentando mais O_2 e mais cedo (e, portanto, por mais tempo) que os oceanos profundos. Isso decerto atrasou o desenvolvimento dos eucariotos. Mas, por volta de 500 milhões de anos atrás, o desenvolvimento das grandes plantas vasculares terrestres aumentou definitivamente os valores de O_2 na atmosfera. No período carbonífero, esses valores podem ter sido até maiores que os valores atuais – os quais teriam sido atingidos a partir do aumento da cobertura de matéria orgânica recalcitrante (rica em lignina e resistente ao ataque microbiano). Os oceanos profundos então se oxigenaram, ainda que com grandes variações locais ou espaciais, como o conhecido "evento anóxico do cretáceo".

O planeta modificou a vida

A vida com oxigênio foi bem diferente. Uma das principais decorrências diretas da oxigenação da atmosfera foi a criação da camada de ozônio. Isso influiu diretamente na evolução dos seres vivos. Em uma atmosfera com baixa PO_2, a abundância da camada de ozônio seria insuficiente para afetar o ambiente de superfície de radiação UV. Assim, a radiação de UVB (280-315 nanômetro) assim como a radiação UVC (200-280 nanômetro) poderiam ter penetrado até a superfície da Terra, causando grandes danos aos organismos vivos. Os dados das experiências orbitais sugerem que mesmo modestos buracos na camada de ozônio podem conduzir a uma redução significativa na desativação. A radiação UV na órbita da Terra não é atenuada pela atmosfera e representa uma fonte natural de radiação. Uma abundância atmosférica simulada de 66 DU causa um aumento de 40 vezes na sobrevivência de bactérias. A razão para esse efeito protetor é o fato de que mesmo poucas quantidades de ozônio já eliminam a radiação UVC, a mais prejudicial biologicamente do espectro de ultravioleta. Durante o começo do período proterozoico, um aumento rápido nas pressões parciais do oxigênio atmosférico pode ter levado ao acúmulo da camada de ozônio e à proteção dos raios UV (A, B e C).

Um problema biológico importantíssimo era a toxicidade do oxigênio. Como um forte aceptor de elétrons, o oxigênio pode destruir com facilidade a matéria orgânica. Inclusive aquela da qual os organismos são feitos. A principal necessidade, então, era proteger o organismo do excesso de O_2. Foi o que os primeiros eucariotos fizeram, e, ao que parece, é o que o ser humano faz até hoje.

Para evitar os danos do oxigênio, durante os últimos anos, tem sido documentada uma estratégia adaptativa em muitos animais que respiram na água mas apresentam características fisiológicas muito diferentes. Essa estratégia tem sido descrita como "baixa pressão de O_2 no sangue". Essa PO_2 se mantém na faixa de 1-3 Kpa, independentemente das grandes variações de PO_2 a que estão sujeitos os ambientes aquáticos. Essa "estratégia da pressão O_2 arterial baixa" também pode ser extrapolada para uma "estratégia da pressão O_2 tecidual baixa", encontrada em organismos mais complexos, como os mamíferos, mas é principalmente reconhecida como estratégia do repertório fisiológico dos animais que respiram na água. Os valores mais comuns para pressão arterial de O_2 estão entre 1 e 3 kPa. Esses valores se mantém independentemente da espécie ser considerada ativa ou passiva (em termos de movimentação). Esses dados mostram que a pressão do O_2 no sangue alimentando as células é muito similar à pressão do O_2 na atmosfera primitiva da Terra, onde a vida começou a se desenvolver. Muitos pesquisadores concluíram que essa estratégia é independente da espécie, do filo, do fato de o ambiente ser marinho ou dulcícola, da organização do trato respiratório, da presença de pigmentos respiratórios, etc.

É interessante notar que esses valores são apenas um pouco superiores aos limites de anóxia para esses mesmos organismos, que varia entre 0,7 e 0,5 kPa. Assim, esses animais vivem praticamente no limite de anóxia, o que deve mantê-los longe de problemas de toxicidade com o oxigênio. Em muitos animais, esse equilíbrio do meio interno em relação ao externo é alcançado com o controle da frequência ventilatória (a adaptação primária). Quanto menos oxigênio há na água, maior é a frequência de ventilação. Isso também explica como muitos organismos que "não" respiram água também mantêm a pressão de O_2 baixa e constante. Isso não acontece com mamíferos e pássaros, que possuem valores da PO_2 muito mais elevados, da ordem de 10 a 14 kPa. Nesses animais, a PO_2 decresce com a hipóxia do meio. O aumento da pressão arterial nos homeotermos é uma adaptação para alimentar com mais combustível (O_2) esses animais com enormes demandas energéticas.

No entanto, a evidência mais impressionante é o fato de a pressão de O_2 nos tecidos desses animais (no córtex cerebral de ratos e no núcleo caudal de coelhos) ser incrivelmente semelhante à pressão de O_2 no sangue arterial dos caranguejos (entre 1 e 3 kPa, com alguns picos de 10 kPa). Esses valores se mantêm em todos os tecidos estudados (incluindo coração, rins, baço, corpo carótido, fígado, músculo, intestino, etc.). Todos com uma média baixa e com amplas variações entre valor mínimo e valor máximo. Assim, existe uma considerável similaridade com respeito à pressão de PO_2 no meio interior de um grande número de animais que respiram água, pecilotérmicos terrestres e tecidos de mamíferos. Qual poderia ser a origem dessa aparente convergência? Ou será que esse é o resultado da evolução?

As células eucarióticas existem há aproximadamente 2 bilhões de anos e a vida animal começou a se desenvolver em ambientes com baixa pressão de O_2. O que está suficientemente claro é que o maquinário fisiológico básico para a vida celular foi estabelecido antes que a vida irradiasse as inúmeras formas unicelulares e multicelulares que compõem a fauna contemporânea. Um moderno organismo multicelular é uma montagem complexa de células que interagem dentro de um ambiente local, assim como com um ambiente externo.

Alguns autores sugerem que o nível de oxigênio fornecido para células individuais foi mantido constante ao longo da evolução, para manter o ambiente óxido original de onde a vida (os eucariotos) emergiu. A pressão arterial de O_2 baixa observada nos animais que respiram água pode ser a ligação com uma cadeia de eventos que se originou no período proterozoico. A história completa, incluindo os sofisticados sistemas de trocas de gases (na água e no ar), o uso de pigmentos respiratórios, o aumento do tamanho e de complexidade e o metabolismo dos animais, além das mudanças na concentração da atmosfera, devem representar um exemplo marcante de homeostase funcionando em grandes escalas temporais.

A análise da literatura especializada mostra que existem pelo menos duas razões para que se mantenham os níveis de oxigênio dentro de limites – nem muito baixos, nem muito altos. As principais são a hipóxia e os problemas no cérebro, e o excesso e a toxicidade do oxigênio (especialmente a produção de espécies reativas de oxigênio – ERO). Prevenir a alta de PO_2 é a solução mais simples e eficiente (e econômica) para se prevenir a formação de ERO. Linhas celulares de humanos podem produzir H_2O_2 a partir de pressões de 4 a 5 kPa. Exatamente acima do limite de 1 a 3 kPa amplamente observado. A enzima superóxido dismutase, uma das principais enzimas de combate aos radicais livres, deve ter aparecido muito cedo na evolução.

A pressão de O_2 não é apenas uma questão de produção de ATP (apesar de 90% do fornecimento ser dedicado à demanda das mitocôndrias). Existe mais de cem reações enzimáticas que utilizam O_2 como substrato e que são fortemente afetadas pelas pressões de O_2 *in situ*. Por muito tempo foi postulado que a baixa pressão de O_2 nos tecidos era uma variável dependente, consequência dos problemas na cascata de difusão entre o ar respirado e a célula. Com essa análise comparativa, os autores sugerem que, ao contrário, a PO_2 baixa é uma variável independente, cuidadosamente controlada e resultante de um processo ativo e preciso de controle que age em uma escala enorme de evolução.

Onde Lovelock errou?

O erro de Lovelock foi o apego à metáfora. Ele quis que a Terra fosse "viva", ainda que "vida" seja um conceito perigosíssimo e complicadíssimo. Foi criticado pela teleologia e não abriu mão da ideia de uma Terra viva, quando teria sido muito mais produtivo explorar as ideias dos mecanismos de retroalimentação não teleológicos gerando autorregulação como uma propriedade emergente.

O planeta não é estável, mudanças no planeta alteram sua forma e seu clima. Essas mudanças afetam a vida. A vida também afeta a forma e o clima do planeta. Isso não é bom ou ruim, é inevitável. Mas tem implicações enormes na biologia, e provavelmente em outras ciências. O conceito de evolução, por exemplo, poderia ser visto como um conceito de coevolução. Claro que é possível concentrar-se em uma espécie e estudar sua adaptação e sua evolução. Mas ninguém evolui sozinho. O planeta está se transformando sob influência de forças de grande magnitude, mas também é influenciado por outros organismos, que compõem o ambiente externo de qualquer espécie – e que são muito importantes para se determinar a direção da evolução.

Outra consequência de uma abordagem estritamente "não vital" de Gaia é que poderia ser retirado o caráter antropocentrista do conceito de poluição. A poluição deixaria de ser a "introdução de substâncias ou de energia, pelo homem, que causam efeitos danosos aos seres vivos" para ser qualquer modificação no ambiente que fosse forte o suficiente para alterar o equilíbrio homeostático do planeta em uma determinada escala.

Referências bibliográficas

CAIRNS-SMITH, A. G. *Genetic Takeover and the Mineral Origins of Life.* Cambridge: Cambridge University Press, 1982.

CLOUD, P. "Paleoecological significance of the banded iron formation". Em *Econ Geol*, 68:1135-1143, 1973.

DARWIN, C. *Origem das espécies.* Belo Horizonte: Itatiaia, 1985.

DOBZHANSKY, T. "Book review: Evolution, Creation, and Science". Em The *American. Naturalist,* 1945, 79:73-75.

HALDANE, J.B.S. *Possible Worlds: and Other Essays.* Chatto and Windus: London, 1927

HELLMAN, H. *Grandes debates da ciência: dez das maiores contendas de todos os tempos.* São Paulo: Unesp, 1999.

LOVELOCK, J. E. "Hands up for the Gaia Hypothesis". Em *Nature*, 344, n. 6262:100-102, 1990.

LOVELOCK, J.E. & MARGULIS, L. "Atmospheric homeostasis by and for the biosphere: the Gaia Hypothesis". Em *Tellus*, XXVI, l-10. 1974.

PALAHNIUK, C. *Survivor.* Paperback. Vintage, 2000.

SCHRÖDINGER, E. *O que é a Vida?/Espírito e Matéria.* Lisboa: Fragmentos, 1989.

VERNADSKY, V. I. The Biosphere. Complete Annotated Edition. Primavera de 1998.

WALKER, J. C. G. *et al.* "Environmental evolution of the Archean-early Proterozoic Earth. Em: Schopf, J. W. (ed.). *Earth's Earliest Biosphere: Its Origin and Evolution*, pp 260-290. Princeton University Press, 1983.

WATSON, A.J. & LOVELOCK, J.E. "Biological homeostasis of the global environment: the parable of Daisyworld". Em *Tellus*, 35B, 284-289, 1983.

Sobre os autores

Charbel Niño El-Hani é biólogo e doutor em educação pela Universidade de São Paulo (USP), com pós-doutorado no Centro de Filosofia da Natureza e Estudos da Ciência na Universidade de Copenhague, Dinamarca. É professor do Instituto de Biologia da Universidade Federal da Bahia (UFBA), onde coordena o Laboratório de Ensino, História e Filosofia da Biologia (LEHF-Bio). Além disso, é bolsista de Produtividade em Pesquisa do Conselho Nacional de Desenvolvimento Científico e Tecnológico (CNPq) nível 1C e leciona na graduação em Biologia da UFBA e nos Programas de Pós-Graduação em Ensino, Filosofia e História das Ciências (UFBA e UEFS), em Ecologia e Biomonitoramento (UFBA) e em Genética (UFBA). Seus principais interesses de pesquisa são: educação científica, filosofia da biologia, biologia evolutiva e comportamento animal. *E-mail*: charbel.elhani@gmail.com

José Eli da Veiga, professor dos programas de pós-graduação do Instituto de Relações Internacionais da Universidade de São Paulo (IRI/USP) e do Instituto de Pesquisas Ecológicas (IPÊ), é autor de vinte livros e colaborador permanente da coluna de opinião do jornal *Valor Econômico* e da página de análise da revista *Página22*. Página na web: www.zeeli.pro.br

Mauro Rebelo é professor adjunto do Instituto de Biofísica da Universidade Federal do Rio de Janeiro. Tem mais de vinte artigos científicos publicados em revistas científicas internacionais e diversas contribuições em revistas e jornais. Já foi consultor de divulgação científica para prefeitura do Rio de Janeiro e trabalha na produção de material didático e capacitação de professores para ensino a distância no Cederj (Centro de Educação a Distância do Estado do Rio de Janeiro) e na UAB (Universidade Aberta do Brasil). Começou a escrever para divulgação científica em 2002 e desde 2005 publica regularmente no blog "Você que é biólogo..." (scienceblogs.com.br/vqeb), já tendo mais de trezentos textos escritos e 150 mil acessos. Atualmente, também oferece oficinas de escrita criativa em ciência (www.biof.ufrj.br/cate) e é editor-chefe do portal de divulgação científica Bioletim (www.bioletim.org). *E-mail*: mrebelo@biof.ufrj.br

Nei Freitas Nunes-Neto é biólogo, mestre em ensino, história e filosofia das ciências e doutorando em ecologia pela Universidade Federal da Bahia (UFBA), com estágio-sanduíche realizado no Grupo de Pesquisas em Informação e Sistemas Autônomos da Universidade do País Basco (UPV), Espanha. É também professor do Instituto de Biologia da

UFBA e pesquisador do Laboratório de Ensino, História e Filosofia da Biologia (LEHF-Bio). Leciona na graduação em biologia da UFBA. Suas principais áreas de pesquisa são filosofia da biologia e da ecologia e educação científica. *E-mail:* nunesneto@gmail.com

Ricardo Santos do Carmo é biólogo e doutorando do Programa de Pós-Graduação em Ensino, Filosofia e História das Ciências da Universidade Federal da Bahia (UFBA) e da Universidade Estadual de Feira de Santana (UEFS). É editor executivo do periódico *Oecologia Australis*, do Programa de Pós-Graduação em Ecologia da Universidade Federal do Rio de Janeiro (UFRJ). Também é revisor do periódico *Science & Education* e pesquisador do Laboratório de Ensino, História e Filosofia da Biologia (LEHF-Bio), Instituto de Biologia da UFBA, com orientação do Prof. Dr. Charbel Niño El-Hani. Seus principais interesses de pesquisa são: educação científica, história e filosofia da biologia e economia ecológica. *E-mail*: rscarmo@ufba.br

Sonia Maria Barros de Oliveira é professora titular do Departamento de Geologia Sedimentar e Ambiental do Instituto de Geociências da Universidade de São Paulo, IGC-USP (http://www.igc.usp.br). É bolsista de produtividade em pesquisa 1B do CNPq e publicou 69 artigos em revistas científicas internacionais. Seus interesses de pesquisa concentram-se nas áreas de interação entre a litosfera, atmosfera, hidrosfera e biosfera terrestres, e abrangem estudos sobre gênese e evolução dos materiais que cobrem a superfície da Terra (como os solos e sedimentos). Nos últimos anos, tem se dedicado ao estudo das mudanças ambientais, de origem antrópica ou natural, registradas em sedimentos recentes. É autora do primeiro capítulo do livro *Aquecimento global: frias contendas científicas*, Senac São Paulo, 2008, 2 ed. 2011): "Base científica para a compreensão do aquecimento global". *E-mail*: soniaoli@usp.br